U0023057

根

以讀者爲其根本

莖

用生活來做支撐

引發思考或功用

獲取效益或趣味

創意與行銷的共存文化

創意，極盡奢華的給予……

岳清清・柳耀勳◎著

三色堇-Pansy系列

出賣——創意與行銷的共存文化

作　　者：岳清清・柳耀勳
出　　版：葉子出版股份有限公司
發 行 人：宋宏智
企劃編輯：洪崇耀
印　　務：許鈞棋
專案業務：潘德育
地　　址：台北市新生南路三段88號7樓之三
電　　話：886-2-2366-0309　　傳真：886-2-2366-0310
服務信箱：service@ycrc.com.tw
網　　址：www.ycrc.com.tw
郵撥帳號：19735365　　戶名：葉忠賢
印　　刷：鼎易印刷事業股份有限公司
法律顧問：煦日南風律師事務所
初版一刷：2005年12月　　新台幣：200元
ISBN：986-7609-86-7

國家圖書館出版品預行編目資料

出賣：創意與行銷的共存文化／岳清清，柳耀勳著. --
初版. - 臺北市：葉子，2005 [民94]
面；　公分. --（三色堇Pansy系列）

ISBN：986-7609-86-7

1.銷售　2.創意

496.5　　94021888

總 經 銷：揚智文化事業股份有限公司
地　　址：台北市新生南路三段88號5樓之六
電　　話：886-2-2366-0306　　傳真：886-2-2366-0310
※本書如有缺頁、破損、裝訂錯誤，請寄回更換。

鄒序

鄒開蓮

世面上好的廣告不算少，但能夠將一個許多人幾乎天天使用的虛擬服務，透過創意的整合行銷引爆成眞假莫測、令人好奇的全民話題則屈指可數。有幸的是，2004年「Yahoo!奇摩搜尋」的『誰讓名模安妮未婚懷孕？』便成為這樣一個讓廣告主、行銷人、創意人一起興奮得睡不著覺的全壘打行銷案例。

『名模安妮』究竟有著什麼樣的魅力，能夠在短短的四週內吸引了1,700多萬網友造訪、超過13萬人實際參與、及有著三萬多篇的討論留言呢？搭上了名模話題再加上了社會上的八卦風氣成了『安妮』引爆的核心。在風花雪月與創意驚豔之外，這個campaign成功地達成了商業的使命：就是讓網友在因為好奇而參與此次活動之餘，再次深深體驗Yahoo!奇摩搜尋引擎「找得好，最好找」的多元性、好用、實用的服務精神。透過跨電視、平面、網路、公關的高度整合，這波的行銷活動讓純功能的搜尋引擎變得有趣，更讓單向式的廣告變為雙向互動、讓搜尋引擎化為生活引擎。

不論是身爲Yahoo!奇摩的一員或是一名行銷人，『誰讓名模安妮未婚懷孕？』都絕對是個讓人忍不住拍手叫好的行銷案例。這一切除了感謝與Yahoo!奇摩多年合作的創意大師與好朋友范可欽團隊的精采創意外，「知世網絡」的細膩網路執行、「高誠公關」精彩的名模操作、媒體庫針對不同媒體特色的運用、及Yahoo!奇摩搜尋與行銷團隊的縝密規劃都是讓『安妮』誕生的重要關鍵，而所有參與辦案的大偵探網友們，更是讓『安妮』真正活起來的動力。因爲，只有不斷挑戰消費者的經驗並滿足期待，品牌與服務才會有更精湛的下一次演出。

Yahoo!奇摩總經理
鄒開蓮

那道傳說中的「光」

林友琴

許多人對好的行銷想法和創意的產生，總是有個視覺影像在腦中：突然，有個人腦中靈光一現，上天給了一支明牌，然後，偉大的創意、想法和執行相應而生；接著，好的行銷結果和品牌形象就成爲一個必然的結果。這種想像，就像好幾年前有一支「統一」的飲料廣告裡說的：就是那道「光」，就是那道「光」！我們都在尋找一種神秘的，不可說的天才型創意力量。在一陣「頓悟」中產生傑出的行銷活動，影響我們的消費者。

進入行銷傳播行業這麼些年以後，我了解這個視覺影像從未存在過。再天才型或才華洋溢的行銷人員，也要一步一腳印，借用團隊的力量，努力的做功課和自我成長，不停的挑戰自我、腦力激盪，才能在一生中創作出幾個出類拔萃的行銷活動。

這不是一項個人可以完成的工作，如果有人這樣說，他不是太自大，就是太盲目。尤其在網路行銷的世紀裡，相較於傳統的電視廣告時代，我們更不可能因爲任何個人的靈光乍現，跟隨著那一道光，就可以找到行銷的聖杯。人性和技術的結合、資訊的邏輯、使用者經驗的設計、內容的結構與互動……，每一件事都需要比過往更複雜的團隊與人才的結合，更多的溝通、整合、研發和學習。

每一個數位campaign和每一個行銷網站的背後，都有著一群人：大的、小的、老的、少的、科學家、文學家、藝術家、商業天才。如果不想成爲一個只擁有技術的匠，這些人便要了解技術，要了解把事情做出來的流程，要更了解人性的邏輯面和柔軟面，了解如何在人群中創造影響力，才能在行銷的競爭中脫穎而出，創造效果。

這一切，都不是那道傳說中的光可以解答的：眞正的「光」是一個科學與人文兼備的學習過程，是一個學習和創造的過程。因爲，每一次你做的事情，都可能是別人沒有做過的，你必須有自我學習和創造的能力。

我們很高興有機會參與這個令人興奮的學習過程。「數位行銷」絕不是一個事少錢多離家近的行業，但是每一次的挑戰，特別是當整個團隊挑戰成功的時候，你

知道自己參與了一個歷史建造的過程，見證了一個新興行業的興起。你的主張、你做事的方法和你的想法，也許將影響日後參與這個數位行銷產業的人的思維。一個人一生能有幾次這樣的機會和過癮時刻呢？這種甜美的感覺，應該比傳說中的那道神秘的光更有意義。

感謝雅虎奇摩，又讓我們多了一次這種甜美的感覺。

知世網絡大中國區執行長
林友琴

就是『出賣』

岳清清

有一天，出版社的葉總和本書的企劃崇耀先生請我吃飯的時候，我發現自已早已被出賣了！爲了完成《出賣》這本書，總共花了將近九個月的時間做採訪，我和崇耀先生歷經了冬天、春天和夏天，我們的青春流逝在三個季節裡，從推翻彼此想法、爭執到謀合而取得共識，只爲了希望《出賣》這本書能有誕生的一天。今天，終於讓我們等到了，這種感動，我跟崇耀先生眞的是無法用言語來形容，這也是在我們年輕生命裡，永難遺忘的一段合作過往。

在寫作這本書的這段期間，能結識范可欽先生及沈翔先生，實爲本人的一大榮幸，與專業又風趣的倆位論及各自在行銷、媒體與廣告創意的經驗時，我發現他們擁有對生命的那股熱情和謙虛，是身爲創作人的我所能強烈感受到的；更了解除了具有熱情之外，唯有將生活上的工作，付出最眞的感動，才能「出賣」他們的創意到達淋漓盡致的地步。

此次的寫作經驗，更讓我見識到了一家成功的公司，要花許多的努力和時間投資，才能建立起使用者對公司的信任，「Yahoo！奇摩公司」對自我品牌的控管和要求就是如此，他們所有的苦心和期望目標都在這本書裡，留下了諸多美好的見證。

不敢說這本書寫得有多好，但我們共同分享了《出賣》創意的經驗，必定有它的原因存在，這才是這本書的所有價值。更希望準備要踏上這條不歸路的創意文化人，能有最好的心理準備，心臟要夠強，腦子要夠靈活，並且要知道，如何用最自然的呼吸，來面對生活上隨時會有的變化與打擊。

這一項不可能的任務終於完成，不僅將自己的視野與知識更加擴展之外，也結交了不少的朋友，我想這是我最大的收穫！

靠『女人』成功的男人

柳耀勳

「攝影大哥，麻煩你，把我的臉拍帥一點。」Yahoo!奇摩搜尋『名模安妮』能出書並奪下新加坡ABEM大創意項目的銀獎，我特別要感謝Yahoo!奇摩搜尋的三個女人Joann、Anita Houng、Anita Wang、我老闆范可欽、張偉能和本書的企劃編輯洪崇耀，還有葉子出版社從未謀面的老闆，當然還有我的父母，以及說我適合做廣告害我誤入歧途的崔文娟老師，和許多失去聯絡的朋友。「我得獎了！」而且這次我能講到六百個字，不像拿到「時報廣告金獎」時，我的答謝詞只有十五秒，以廣告時間來計算一秒三個字，這次我等於足足拿了近二十次金獎，這感覺眞爽，這段話我本來要留著去Clio、或「紐約廣告獎」講的，但我老闆和張偉能先生，兩位廣告界的大老得過太多了，他們完全提不起參賽興趣，他們滿腦子想的都是如何幫客戶銷售，所以我只好在這裡寫寫飛機稿，自己看的爽。

還有，「人怕出名、豬怕肥」，當你發現寫『名模安妮』的作者柳耀勳就是那個曾經欠你錢、負妳感情的

臭男人時，請你們千萬不要來找我，因爲我並不會因爲這本書成爲知名作家，我一樣付不起孩子的奶粉錢，我一樣爲了想創意、寫文案，常常快抓破頭，還常被我老闆范可欽睨著眼說，「寫這什麼東西」，我只是廣告圈裡的高齡小文案，所以不要認爲『名模安妮』後我會如何……如何……，其實我還是希望下一個女人會更好、下一次的創意永遠會更棒，更希望下一次的創意火花不僅發生在Yahoo!奇摩，而是在客戶身上——戶戶開花。

最後，我要說的是，『名模安妮』書裡提到的人：Rose、Joaan、Anita Houng、Jerry（范可欽）、Peter、張偉能這些人，他們是廣告、行銷、網路圈裡的狠角色，他們的故事比我精采百倍，所以，對於書中的諸位創意總監們，請讀者們能在心中多留些印象，而筆者我只是個捉刀的記錄者、是個靠『名模安妮』出點小名的那個吃軟飯的男人。

另外，匚合廣告是個很能創造銷售力的公司，如果你想擦亮你的業積，歡迎跟匚合的副總經理林純正聯絡。

目錄

第一顆腦袋 Yahoo!奇摩創意守門員

第二顆腦袋 范可欽的廣告創意

出賣

兇手的自白

第三顆腦袋

知世創意總監Peter的秘密身分

出賣

第一顆腦袋

Yahoo!奇摩創意守門員

一個成功的案例，廣告創意、媒體行銷、品牌管家三者缺一不可。然而品牌管家就像是創意的守門員，因為他們最了解品牌、他們最懂自己的產品，他們就像F1一級方程式賽場上的技師，每次都得鎖緊最後一根螺絲，才能讓車子離站，安全、恣意的追逐飛馳……

創意守門員的教戰守則

Joann Chen（台灣區行銷總監）：會把這個案例形成出書的想法原因是當這個案子成功後，很多我網路界的朋友、客戶、學校的師長和媒體都不斷的問我和Jerry：「『名模安妮』這個案子到底是怎麼成功的？」他們認爲這絕對能成爲台灣網路業廣告的一個里程碑，而加上出版社的邀約，讓我們Yahoo!奇摩和匯合廣告，知世網路有了共同出書的想法，希望透過書的出版，和大家一起分享我們的網路成功的心得與經營模式。

Anita Huang（搜尋分類服務事業部總監）：你一定上過Yahoo!奇摩，Yahoo!奇摩是台灣最大的入口網站，每天有百分之七十的上網人口透過它收信、找資料，看新聞，買東西、看股價、看笑話，它就像太平洋、新光三越等百貨公司，你可以上網找到各種想要的資訊、消息甚至商品，網路搜尋的角色在生活中越來越重要，你可能一早起床會看天氣、可能一進公司會收信，可能會查字典，上網訂票、透過Yahoo!奇摩搜尋你可以完成近乎百分之百想做的事，因爲我們雅虎的創辦人——楊致遠（Jerry Yang），當初是以做搜尋引擎起

家的。所以我們也一直致力在搜尋內容的提升，當搜尋的角色和消費者關係越來越密切，我們一直不斷補強搜尋的內容，投入研發技術、資源，就是爲了實現對消費者找得好、最好找的承諾。Yahoo!奇摩搜尋於2004年7月推出自家的搜尋引擎技術 YST (Yahoo! Search Technology)，當我們在產品面準備好了之後，我們決定要讓大家知道Yahoo!奇摩其實有很好的搜尋引擎、功能強大、搜尋精準和使用頁面簡潔，因爲我們有很好的產品，才能做廣告，我記得美國一位廣告大師伯恩說過：「好的廣告、不好的產品只會加速產品的滅亡。」特別是像搜尋引擎，它對網友的反應是很立即的，當他一輸入關鍵字，卻找不到資料，廣告說得口沫橫飛都沒有用。我們做了這麼多修正、準備，當我們對產品有了百分之兩百的信心時，我們覺得是吸引網友上網親自體驗的時後到了，匸合廣告日前和我們Yahoo!奇摩拍賣完成一個成功的「超級買家」的活動，Yahoo!奇摩拍賣整體的業績都獲得很好的成長，我們自然想到匸合廣告的Jerry——范可欽。

Joann：我們總經理Rose——鄒開蓮和Jerry是奧美的老同事，我在P&G和Jerry也曾合作過，我們相信和他合作能激起一些不同的火花，而知世網路是「網路金手指」的常勝軍，在許多的案子也執行的十分成功。匚合廣告懂得創造話題、行銷，在廣告創意上有絕對的過人之處、知世網路在網路的創意發想、執行細節上是值得我們信賴的，在經過一連串的提案，代理商提出想法後，我們不斷的與兩間代理商的討論、溝通後，我們決定讓這兩間公司各司其職。

Anita Huang：一般人以爲搜尋很無聊，沒有感覺、像白開水，我們希望改變消費者這樣的刻板印象、讓他們覺得使用Yahoo!奇摩是很有趣的，特別是在每家的搜尋引擎功能都差不多時，我們更覺得應該給搜尋品牌個性，而且我們從很早就投入這一塊，在『名模安妮未婚懷孕』廣告之前，我們和其它廣告代理商合作的「地震篇」廣告、「噎到篇」廣告得到去年的時報廣告獎、加上名人線上八卦搜的好評，其實，Yahoo!奇摩搜尋已經累積了一定的能量和好評，所有的能量，在這場廣告活動中全部爆發。

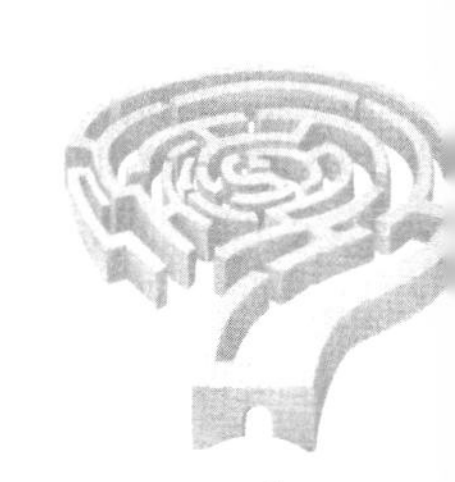

成功絕對是可以複製的

Anita Huang：我們很清楚我們在市場上要做什麼，身爲全國最大的入口網站，Interesting的廣告是不同於傳統廣告的，像飲料、茶的廣告，能賣一種氛圍、感覺，但網路廣告在品牌和使用經驗是很立即的，你無法給消費者想像，因爲一按滑鼠，消費者就知道能不能找到，我們對搜尋的產品很有信心，其實我們可以再做一個形象廣告，只告訴它品牌、形象，但我們更希望消費者能跟我們有所互動，讓使用網路的每一個人和我們是沒有距離感的，所以我們要有不同於傳統媒體的操作方式，當決定和匸合廣告合作時，我們提給他們很有名的兩個例子，一個是五年前在超級盃播出，短短幾小時衝爆流量的「維多利亞的秘密」，它的電視廣告很簡單，就是一群女生穿著性感內衣走秀，短短的十五秒勾引出人的好奇心，最後下一句話現在要看完整的內衣秀請上Yahoo!，並在網路上有詳細的產品介紹、利用影音線上收看的流行風，成爲當時最成功的網路廣告。另外一個例子（附註一，p.35），Mitsubishi在荒山野嶺快速行駛，眼看前面就是抖峭的懸崖，這時畫面戛然而止，最後下了一句話，想要看發生什麼事就上網，這兩個廣告都成功的勾引消費者的好奇，我們舉這兩個例子對匚合做說明，我們很清楚的是想告訴他們把人引到網站上來，我們需要的其實就是一個很棒的創意，匚合眞的很聰明，想出了名模安妮的這個Big Idea！

其實這兩個例子告訴我們一件事，如果你是網路業，你的商品是在網路上，網路上其實是可以創造和消費者很好的互動模式，所以你想的應該是我怎麼把人引到網路上，行銷自己的產品，我們在維多利亞的秘密和Mitsubishi學習到的成功操作模式、因爲成功絕對是可以複製的，只是文化、生活習慣不一樣，吸引網友的東西當然也不一樣，當Yahoo!奇摩搜尋名模安妮懷孕事件成功後、你看到許多類似的操作模式、其實許多廣告從以前就在操作吸引人上網、體驗產品，但成功的案例卻不多，原因就在你眞的抓到消費者感興趣的是什麼，好奇的是什麼？

Joann：我們內部一直在沙盤推演，如果這支廣告能成功的把人吸引上Yahoo!奇摩搜尋，但上來之後如何黏住消費者，在提案的初期匚合廣告給了我們很好的創意。匚合廣告不愧是廣告業界裡的佼佼者，在提案初期就提出「線索就在Yahoo！奇摩搜尋裡」的關鍵，並把消費

者上網的思考模式、行爲完整的呈現出來，故事從喜多郎到張錫銘，兩顆子彈事件展現創意的多元性，很多廣告公司碰到新興的網路廣告，常想得很複雜，或是用傳統的廣告思維方法，匚合廣告很不同的是他善用人性的好奇、想要探索眞相的人性底層，話題從消費者端結合產品，思考上也很大膽，但當它們在過程中提出是誰讓名模安妮懷孕的「台北孽子版」，我這樣稱這個故事，因爲故事從雙性戀、變性人、戀童癖到無精症所有的邊緣故事全部結合，我想沒有一家廣告公司敢做，他們卻做了，故事精采到讓我們感到很震驚，我們拒絕了他們這個提案。他們有新的想法，我們很開心，但我們每天接觸自己的產品，我們希望它能和消費者發生的是友善的關係，而不只是讓消費者感到新奇、大膽、我們會拒絕這個案子的主要原因是網友怎麼看我們的產品，Yahoo!奇摩品牌整體性在消費者的印象是很輕鬆、友善、好用、休閒的一致個性，當我們在看Yahoo!奇摩搜尋時，我們希望消費者不只是能找休閒的東西、我們也希望他們找生活上、專業上的科技上、甚至生硬的法律知識都能上Yahoo!奇摩搜尋，這次活動的目的很清楚的就是要大家體驗Yahoo!奇摩搜尋帶來的生活便利。

大家可以看到匚合廣告在第一次提出是誰殺了名模

小伶這個提案時，把醫學的、生活的、旅遊的知識問題很巧妙的結合在推理案過程中，並運用時下流行類似的達文西密碼的找答案、大眾好奇的名模故事、網路逃出房間的網路遊戲結合後變形，但匸合廣告第一次提的這個案子是誰殺了名模小伶故事並不長，問題也不多，當我們第一次聽完提案時在想，如果十分鐘消費者就破案怎麼辦、彼此互傳答案怎麼辦，後來我們再想是不是一週一個故事，或把故事拉長成連續劇的模式有四個禮拜，也能增加消費者的使用黏度，我們就去詢問知世網路四週的可行性。知世不敢肯定，但我們又在想如果故事話題性夠、可不可能有討論區，其實時間對善變的網路族是一大考驗，尤其是你有四週的時間，網友很可能一開始一頭熱，過了兩週覺得不好玩，就不跟你玩了，別忘了網路活動的主控權，永遠在玩家本身、滑鼠就像搖控器，怎樣吸引目光、留住消費者過程和細節對我們三方面都是很大的挑戰，爲了要讓網友和我們一起參與四週的遊戲，我們和知世、匸合討論後，簡單的留下資料做爲抽獎用，在四週的過程找到一百題的問題，採累績的積分制，每週答對二十五題才有當週完整的故事，這對留住網友其實很有難度，另外從第二週起新增「旁觀者試玩」版，就算不留帳戶資料，也可以參予遊戲。最後也安排了抽汽車的大獎活動，並在每一週安排週週

抽i-pod的抽獎活動，爲了全都是讓網友黏在上面，和Yahoo!奇摩搜尋培養良好的關係和長期的互動。但是活動進行到第一週時，我們發現來瀏覽的人很多，卻只有少數人留下個人的資料，所以第二週起我們馬上開放了「局外人試玩版」來滿足那些不想抽獎卻也可以體驗Yahoo!奇摩搜尋強大功能的人。留下個人資料常會造成網友嫌麻煩、抗拒、不跟你玩，但即時調整網路操作證明我們這些對細節的考量是成功的。

我想我們最大的成功是身爲一個廣告主，我們懂得和最優秀的Team與人員合作，我們很清楚自己要的是什麼，所以在整個案子的開始時、我們先請匚合廣告和知世網路各自提出創意想法，最後因爲匚合廣告在創意的可行性和思維是比較完整的，而知世網路的東西其實也很棒、我從來沒有聽過這麼感動的提案，聽完我差點流下眼淚，但因爲操作的可行性，所以我們選擇匚合廣告的是誰殺了名模安妮。我們的看法是這兩家代理商其實是互補的，如果今天知世提出的東西可行性高、就由匚合透過媒體操做把它呈現出來，如果匚合的東西完整，知世就來補強匚合網路活動較不熟悉的地方、畢竟術業有專攻、他們也有一致的想法，爲了讓案子更好，所以在後面的執行過程當中，我們三方面不斷的開會、討論、腦力激盪，到後來高誠公關的加入，與媒體庫的專業廣告規劃，讓我覺得找對的人、才能做好的事，找好又對的人才能做成功的事。

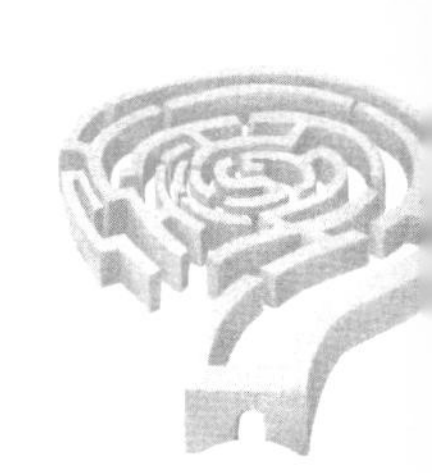

創意天秤的兩端
——成熟與創新

網路的活動要精采、要吸引網友、故事的本身很重要，如果故事不好，我們就不用玩了，而這個案子當初我們本來要找推理作家來寫；但等了兩個星期，作家寫出來一個很棒的小說開端、故事的鋪陳很棒、但第一週的故事就應該要和網友發生即時的互動，讓他們使用搜尋找答案、緩慢的故事節奏和網路活動的即時性是衝突的，但推理作家已經想好故事的結構、讓名模安妮懷孕的就是偵探本人，我和Jerry聽了都覺得這是很棒的結尾，因爲離上線時間越來越近，我當下決定聘作家爲這個活動的顧問，並謝謝Jerry和Tommy認養了這個故事，但廣告公司要寫一部精采的小說是很有風險的，像我說的術業有專攻，但怎麼辦，時間越來越緊迫，在找別的作家，也沒有人比Jerry和Tommy本身更熟悉我們要做什麼、爲什麼要寫這個故事，所以我們把故事交給Tommy寫，但可能是他們後來玩得過頭了，是誰「搞」大名模的肚子，眞的是考驗我的道德尺度、也讓我很頭大，據Tommy的說法是連各種奇奇怪怪的問題都找的到，Yahoo!奇摩搜尋還有什麼找不到的，匚合的廣告業務Ann說：「辛辣的東西，年輕人才有興趣！」但我不完全認同，身為一個品牌管家，當下我有必要踩煞車，維持品牌的好感度，當天我跟Jerry和匚合團隊溝通後他們也同意我的說法，還有文章內容不是「搞」就是「大」、「讓」這種字眼，讓我看得很難過、不愉快、當時我看著會議桌對面的長的很率性粗礦Tommy、我想的是，找女性文案來寫會不會好一點，當場Jerry拒絕我的要求，三天後他們又提出一個故事大綱，故事很流暢、像詩一樣唯美，想不到還是Tommy寫的。讓我感受到匚合廣告眞的是很優秀的廣告代理商，當他們知道我們的考量後，他們能在短時間修正馬上提出又棒又好的東西，這證明匚合是一間成熟又創新的廣告代理商。

在整個活動的過程中我們不但故事經過許多的修正，在電視廣告上有名模進入婦產科的情節、還有名模戴著墨鏡遮遮掩掩對媒體說她懷了孩子。我們希望名模表現的落落大方，因爲我們的堅持，匚合在影片上將走進婦產科改成了走秀，讓安妮在記者會上大方的承認懷了孩子，在角色的選定上，一開始我們和匚合都希望是由名模演名模，但因爲廣告的話題性，加上懷孕的情節，讓兩大名模經紀公司怯步，許多一線模特兒沒人敢接下安妮這個角色，後來Jerry提出林佑立，本來已經

沒問題，但林佑立因爲時間無法配合，我們只好另覓角色，我記得到了拍片前一天，我和偉能、導演在製片公司爭論應該是選孫靄暉還是看起來略爲消瘦、冷豔看起來很國際感的模特兒，我那天很堅持，我的直覺是孫靄暉甜美的笑容和親和力和Yahoo!奇摩品牌的形象是很契合的，最後導演和偉能都同意我的想法，讓玩票的孫靄暉演名模進而變成了名模。

在整個過程還有一件好玩的事，就是Jerry在故事的過程一直堅持名模的名字要叫小伶，因爲它本身會有話題性，這我能了解，但因爲故事中的人物已經諸多指涉，我們實在不希望造成別人不當聯想，Yahoo!奇摩是台灣第一大入口網站，品牌的形象對我們是很重要的，爲了這個問題我們請教我們公司法務後，他們也覺的不妥，我們爲了名字的問題，在會議室上討論十幾次，最後拍片的前一天，我狠下心來，告訴Jerry說名模的名字就取你們公司的Ann（安）和我們兩位Anita叫安妮，最後Jerry也肯讓步，他說：「我想這樣也許能引起大家的好奇，何嘗不是好事。」

Joann：一個行銷案例不同以往的網路活動，是知世網路把它計畫成四週、而一般的網路活動是隨著廣告露出，網上流量暴增，但隨著廣告的聲量小了，活動也變得無疾而終，但名模安妮未婚懷孕這事件，每天的流量是與日俱增，從第一週網路活動的一個小網路廣告開始，討論區就慢慢湧入人潮，到第二週廣告露出流量暴增、討論區還塞爆、當大家知道有這個活動後，透過網路信件、口耳相傳，都在猜測安妮懷了誰的孩子，活動網站擠入大量人潮，形成更大的口碑效益，媒體開始打電話來追問，誰是名模安妮，隨著活動截止日的越來越接近，整個開始發燒起來，達到一千兩百萬人次的瀏覽率、這是台灣有史以來最成功的網路活動，我們只好召開記者會因應，Yahoo!奇摩搜尋爲Yahoo!奇摩在這一個月間帶來大量的業務量、上網人口數、品牌形象的提升、好感度等，帶來豐富的邊際效益。

Joann：名模安妮這案子受歡迎是預料中的，但能這麼大、這麼成功，其實是出乎意外，我剛開始以爲知世做的這個活動網站只是簡單的動畫、互動模式和圖片形成、文字穿插使用，但他們不甘如此，做出生動活潑的遊戲網站，不虧是網路廣告的領先者、配合上匚合的創意流暢的故事，才能讓網友願意花去四週的時間，當神探在Yahoo!奇摩搜尋上追一追一追，特別是有些問題藏的很好，並不好找，我們常在討論區看見網友求救，問說第二十五題在哪，或猜測兇手是誰，或討論一些題

目，如小涌園渡假村、三好氏肌肉萎縮症、台灣哪邊的螢火蟲最多，這都是意外的收獲，因爲不但流量達到預期、超過目標，也讓Yahoo!奇摩搜尋和網友建立良好的互動。這都是兩家廣告代理商功不可沒的地方，也是大家共同努力成果。

行銷人應有的嗅覺

品品（行銷經理）：我記得第一次匚合廣告對我們提完案，Joann離開匚合辦公室時對我說：「品品加油，這個案子會成功！」我當時也沒想太多，只是一陣詫異，Joann爲什麼這樣篤定，後來匚合廣告到我們這裡開會，我們的大老闆Rose對Jerry說這是個有趣的故事，太棒了，花一個早上就看完。兩個多月來，我忙翻了，要和匚合廣告溝通，特別是Tommy已經寫好了故事，但求好心切，又不斷修改，同時我又要和知世網路討論每一部的執行，又必須和媒體庫及高誠公關討論媒體的運作，複雜地讓我只想做好，但Rose的那句話，讓我一鼓作氣做到最好。

從遊戲的第一天，只出現一個在內頁小小的網路廣告，就引起討論區網友熱烈的討論，大家情急的想知道誰是兇手，和知世討論的用E-mail邀請好友來破案的信件行銷，引起很大的迴響，我們看著網友在廣告影片還沒上，就不斷流進來，我、Joann和Anita都很興奮，因爲後面的媒體操作，我們相信會有更大的效果，第二週的星期三晚上，當電視廣告出現第一名模安妮未婚懷

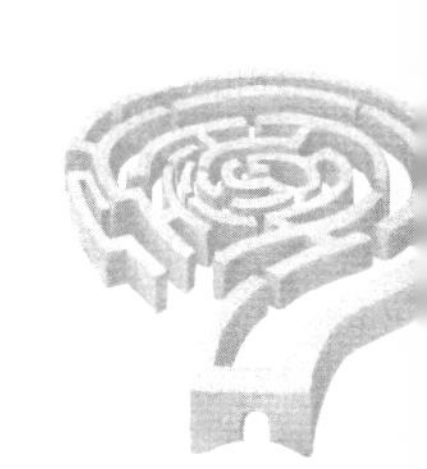

孕時，當晚名模安妮的網站已經快被塞爆，隔天早上我們針對不同的族群在平面報紙露出時，我們發現上班族的人口也明顯流入，除了汽車（Peugeot 307）的誘因，我也發現匚合廣告善用人性想知道結果的好奇、配合知世用心規畫的遊戲配合的天衣無縫，到第三週，終於我們擔心的事情發生了，網友塞爆討論區、不得已暫時關閉，聯絡知世那邊緊急修護，另外近一百萬人因爲這個活動而使用Yahoo!奇摩搜尋，都讓我們感到十分興奮，這時我身邊不少朋友跟我反應說：「品品，我們沒時間沒玩四週，但我們也想玩玩看！」

這激發了我創造「局外人試玩版」的念頭。後來眞的引進更多的人潮，我很興奮，辛苦努力沒有白費，Yahoo!奇摩搜尋成爲台灣最成功的網路活動，我還記得安告訴我匚合廣告副總林純正先生因爲插花演出婦產科醫生，出現在媒體上，被老婆的妹妹打電話來說你劈腿啊？！我記得當這案子成功的結束時，我曾問Joann，爲什麼你覺得這個案子會成功，她告訴我做爲一個行銷人，就要有靈敏的嗅覺，當天她聞到了，她拍了拍我的肩膀說，這是經驗累積的本能反應，這案子操作完後，我想你也能聞到了。

Joann：Yahoo!奇摩搜尋是誰讓名模安妮未婚懷孕這個

活動引起媒體熱烈的報導，和網友密切的活動，很多人和我們業務部的同仁出去的時後都被問到說，你們Yahoo!奇摩搜尋操做這個活動耗費多少人力，當我們告訴他們只有三個人時，大家都露出不可置信的表情，而且我們有兩個人幾乎都是動口不動手的，我們都很謝謝品品。

品品：Joann是個很注重細節的人，她親自的針對匸合廣告和知世做出來的題目，一題一題的使用我們的搜尋引擎，以確保故事的準確性，她和Anita Huang都是能抓住大方向的人。

Anita Huang：Yahoo!奇摩搜尋這案子能成功，就像Joann說的我們找到了最好的團隊，匸合廣告的創意、知世網路的設計、媒體庫的媒體操作、高誠公關的名模記者會，我們和他們都有了最好的互動，於是，一個成功案子的開端也就此形成……

網路、電視交叉運用：
三菱汽車讓傳播效益1+1>2

在2004年超級盃美式足球賽中，賽事轉播中場以及節後的電視廣告價碼，依舊創下天價紀錄，但是大多數的廣告內容，還是被批評爲「品質不佳」。然而，一支三菱汽車的TVC（電視廣告），卻因爲巧妙運用了網路媒體，而創下了空前的成功。

這支三菱汽車的30秒TVC，是在2月1日賽事當中播出。影片一開始，只見一部三菱GALANT GTS與豐田CAMRY XLE V6轎車在公路上並駕齊驅，高速奔馳著，兩輛車前方，還有兩部貨櫃車，以同樣的高速奔馳。行進中，貨櫃車的後門突然打開，丟出各種障礙物，包括保齡球、烤肉架、垃圾桶，都一件一件被拋在尾隨的三菱GALANT與豐田CAMRY前方，兩部轎車則是一一閃避這些障礙物，一面繼續高速行駛。接著，貨櫃車竟然還丟出兩部報廢車，報廢車落地後，隨即因爲碰撞而彈離路面，而這支TVC也就戛然停止，以兩部廢車彈起，在空中形成一個V字型的詭異畫面作爲終結。

這時畫面出現一行字：「SeeWhatHappens.com」

結果，這個前導式廣告只播出了這麼一次，但在播出後的28小時內，吸引了超過17萬人蜂擁進入SeeWhatHappens.com網站。其中，更有三分之二的網友在網站上重複收看完整版的TVC超過兩次以上。

在長達50秒的完整版TVC中，三菱與豐田分出了高下，豐田CAMRY無法閃避廢車，只好狼狽地停在路邊，反觀三菱GALANT卻依然巧妙迴避了眼前的恐怖障礙，繼續高速奔馳，成爲贏家。畫面中再度出現一行字：「這不是廣告，這是一場終極測試。」

三菱汽車這一次運用懸疑式手法，巧妙結合電視與網路，先運用前導式電視廣告引起注目，再引導消費者至網路上觀看結果，整合了兩種媒體各自的優勢，將傳播的廣度及強度效果極大化的廣告戰役，可謂一戰成名，也創下了網路行銷的紀錄。

在效益與成本的觀點上，以往電視廣告最爲行銷人詬病的是投資效益宛如大海撈針，但此次三菱汽車顛覆性的操作：僅以小量的投資在電視上（TVC只有播出一次）， 之後吸引上網站觀看的是更精準的一群目標對象，也是對此商品有高度興趣的潛在消費者，抓住這群人之後，再進一步在網路上深度溝通產品特性，促進購

買意願，在SeeWhatHappens.com網站中，提供了三菱GALANT更完整的安全性測試影片與數據資料，不但影片精彩，說服力也十足，打動了大批講求安全性的消費者。而在這一次TVC播放後，頭一天吸引的網路流量，就超過了三菱汽車mitsubishicars.com網站一整個月的流量。

在這個案例中，先是利用超級盃的高收視率，再加上TVC內容導引觀眾，進一步創造網站高流量，並在網站中深化消費者對產品的認同，一連串環環相扣的操作手法，讓人嘆爲觀止，也成爲這次超級盃廣告戰當中精彩的成功個案，也藉此證明，網路媒體與傳統媒體巧妙結合時，能發揮出多麼驚人的效益。

第二顆腦袋

范可欽的廣告創意

匸合這間創意公司（范可欽）與Yahoo!奇摩的關係是非正式合約廣告代理商。而Yahoo!奇摩為什麼要請匸合執行這次的廣告案例呢？那是因為Yahoo!奇摩認為，搜尋是一個很重要的入口網站功能，面對強大的競爭者Google的口碑效應，他們必須有所動作！於是，故事就從這裡開始……

以實際經驗取得User認同

首先，我們必須要做一個行爲模組的改變，而使用的行銷模式是讓許多人願意上到Yahoo!奇摩的搜尋空間，才可能在戰場上產生預期效應，因此匸合必須要製造一個環境，是讓使用者有理由，或藉口；或原因，或樂趣，使他們心甘情願的在Yahoo!奇摩搜尋上停留更久的時間，同時給他們實驗的場地，讓他親自體驗，原來在Yahoo!奇摩的搜尋上可以找到好的東西和自身需求的東西，如此才可以阻擋Google的口碑效應。

而以上是匸合和Yahoo!奇摩在合作上，有談到的基本雛形，當然剛開始提到這樣的實行方式時，並沒有覺得這是完全正確的方向或做法，更不敢認爲這就是與對方（Google）較勁的鐵律（要先分析對方的實力）。但以范可欽（Jerry）的市場敏銳度和觀察力，他認爲大概就是這樣的操作方向，於是他思考著，在這樣一個環境裡面，要做到一個行爲模組的改變之時，要操作時必須要配備以下幾個條件：

一、必須建立一個平台（行銷平台），讓消費者大量湧進，在我們的平台上面，按造我們的步

驟，對於Yahoo!奇摩搜尋做重複大量的使用！

二、在使用過程當中，能明顯的感受到Yahoo!奇摩搜尋和功能的親身體驗。

三、讓客戶不用花上大量金錢，就能得到大量的效應。因為Yahoo!奇摩沒有必要花上大筆金錢來投資到電視廣告上，因為Yahoo!奇摩不但是個平台，而且本身就是個媒體，一個具有龐大效應的媒體。（匚合判斷客戶本身所具有的影響力和給一般大眾的印象位置，替客戶量身訂做屬於客戶自身的品牌廣告。）

最初時，Yahoo!奇摩的總監Anita Huang（黃蕙雯）看到了Victoria's Secret（維多利亞的秘密）這個個案，Victoria's Secret在美國美式足球超級盃的決賽當中，放了一個廣告，告訴所有觀眾，我們在網路上舉行一個內衣秀，所以吸引了全世界幾百萬人進去觀看。它就把網站當作是一個媒體的平台，只是在高收視率的電視媒體時段當中，告訴大家這一件訊息，只要訊息夠吸引人，它相信就可以吸引很多人到網站上去觀看，在網路上有一個使用的好處，就是可以「大量的重複觀看」，在一個不受外界干擾的情況下，一對一的觀看模式，（在獨立自主的環境下觀賞）。在這樣的一個環境設定下，使得Victoria's Secret的廣告非常的成功。

另一個個案則是Mitsubishi汽車廣告，做出一個懸疑性的開頭廣告，想知道結果必須到網站上去看答案！這也是吸引許多朋友去網路上觀看，這則是另一個成功的案例。Anita Huang認為這兩支廣告，都用滿恰當的方式去將實體和虛擬的媒體做一個結合模式，其好處，如果從收視來看，電視廣告的介入，可使其他大量說明頁面資訊全都留到Yahoo!奇摩的網路上，而Yahoo!奇摩本身是個入口網站，流量也夠大，所以它可以自己花錢在自己的網站上做這樣的動作，這是一個相當好也有趣的組合模式，Jerry認為就有如一個大石頭投在湖面上，引起巨大的波瀾，而他自己即是這口湖的主人，隨時可以玩這樣的遊戲，別人要做這樣的事情還未見得會成功，因為要考量成本的問題。

所以在和Yahoo!奇摩的下一步溝通時，會發現所要設計的東西可能看起來要像一個Game（遊戲），有操作模式。例如BMW的汽車廣告，邀請了許多有名導演拍攝他們公司的汽車廣告，包括台灣知名導演——李安也有參與，在網路上流傳的非常風行，而且一直傳遞

流竄給大家看到，他們藉由網路上特殊的流動模式（自主性一對一的媒體模式，以及快速的擴散性而且便宜的使用消費），引起了許多共鳴，值得大家去做參考。

讓八卦變成價值

因此基於所討論的三個個案，Jerry和Yahoo!奇摩又在進一步探討台灣的整個市場面趨勢，開始討論現在台灣最流行的話題是什麼？台灣媒體或一般大眾（被媒體所影響的大眾）所喜歡探討的事件又是什麼？例如緋聞、八卦、狗仔雜誌……等的一般消息，這些都是媒體之間所互相影響的新聞話題性事件，例如台灣一段時間炒熱了林志玲這位職業的模特兒，還有選舉過後的兩顆子彈的眞相事件；以及通緝犯張錫銘眾目睽睽的逃竄事件。這幾個近期較火熱的話題都對一般大眾具有影響性。

於是，匚合內部的工作小組就開始討論，有人提議何不就做張錫銘吧！大家來找這位通緝犯的落腳處如何？有沒有搞錯啊？！爲什麼要用通緝犯做題材呢？所以Jerry回歸源頭，提醒大家設計此次的廣告，其創意主要是要讓大家不停的有操作使用的動作，如果是這樣的話，本身就要提供很多的資訊，使得使用者才會用到「搜尋」這樣的工具。Jerry認爲，原點上的東西，其實是可以用邏輯分析出來的，就想一個方法，可以讓一個人一直不停的用Search找東西，找什麼？大家還不知

道，但是，Jerry認爲一定要這樣做！又想，能不能給它拼湊成一個事件（案件）呢！（也許是遊戲也不一定），如此會一直跟著這個事件，追查這個事情，當你可以把拼圖拼起來的時候，我們也許就可以給拼圖成功者一個很大的獎勵，所以在匚合內部的創意小組和Jerry的思考下，遂依循著這樣的一個原點來進行的。

而那時正流行了一本書叫《達文西密碼》，Jerry花了一個週末看這本書，（因爲公司內部一位叫Ann的廣告業務認爲這本書有如潘朵拉的盒子，打開之後就得小心，這樣的言語刺激，讓Jerry不服輸的求知個性，更想知道這本書的內容到底說些什麼故事，於是增加了Jerry的閱讀速度！）因此，看完書的Jerry心想，達文西密碼這本書，存在一個吸引讀者最主要的基本元素是，一個環節扣著一個環節，而且相當緊密，加上人類有求知、好奇、窺探、好勝的慾望，創造出一個峰迴路轉的文字戲劇書籍，才成爲暢銷書排行榜上久久不墜的高銷售量！就如小時所看的《福爾摩斯》、《亞森羅蘋》，以及到現在爲一般大眾所熟知的「名偵探柯南」，將會發現這類的故事或電影，牽涉謀殺、破案的題材都會讓大眾情不自禁的陷入在故事情節當中，就好像自己身處在劇情裡面一樣。再加上「三一九事件」（2004年3月19日，台灣總統大選前一天，現任總統陳水扁被兩顆子彈射擊的事件）大家急著找出眞相和兇手，因爲次日選舉結果是陳水扁以兩萬多票之差連任。

三一九之後，台灣民眾陷入人人是偵探的一個角色扮演情境當中，探討陳水扁的槍擊事件是否爲刻意自導自演，影響選舉結果或是眞爲「他人」所害的事件，其「眞相」人人都想知道！有趣的是李昌鈺博士回國偵辦此國家重大刑案時，全國人民幾乎都成了彈道專家！人人都有一套解讀的模式，所有人幾乎都成了神探李昌鈺！我們在看看之前相當著名的電視戲劇《包青天》，收視率也是相當的高，人人都喜歡看包公查案，大家都想找出兇手，其回歸原點這就是「人性」所具有的窺探慾望。歷史上諸多例子告訴我們，有偵探這樣的故事演出，只要事件本身夠精采，大家一陷入，就應該逃不掉了吧！

Jerry想，如果可以透過偵探這樣的角色功能性，他有必要的找尋線索，於是在Search上就會可以「搜尋」很多答案，達到執行搜尋的動作。

執行創意的過程

步驟一

寫下社會關心的話題事件：兩顆子彈、如何找出張錫銘的落腳處、尹清鋒命案、喜多朗的指揮棒、模特兒林志玲、三一九事件、達文西密碼……等的案例。（討論以上事件受炒作原因）

步驟二

是否創造一個偵探案件故事？因爲想到喜多朗來台灣演出，指揮棒被偷走了，這是怎麼回事？到底誰偷走了仙女棒呢！（Jerry有趣的把它形容成仙女棒）如何來查出誰偷走了仙女棒呢！（嫌疑犯有哪些？喜多朗在演出前到過哪裡？碰到哪些人？做了什麼事？……等的問題偵辦。）

步驟三

當時還有一個有趣的八卦話題，名模洪曉蕾的四劈事件！討論是否把名模事件整合在一起，不會成爲一個單獨的案子，所以大家結合偵探與名模兩者事件，來整理出最初步的案子──「名模被暗殺事件」。因爲想到刑案比較刺激！說到此處，Jerry風趣的一面更是俏皮的說著：「看到地上有粉筆灰、名模躺在哪裡、有驗屍官、有警察等，來回蒐集相關證物，這不是挺有趣的嗎！」，而且那時兩顆子彈的報告剛出爐，也有話題性。

步驟四

Jerry要Tommy將名模事件的主題點出，在電視廣告當中告訴人家，第一名模在她的住處被人暗殺了，香消玉殞！陳屍在她的香閨當中，引起社會上很大的震撼！於是會引發話題：是誰幹的！裡面可能有四個兇手，都是嫌疑犯，那時還沒細想，只是個初步，不過已經想出標題是：「誰殺了名模小伶！」（請參照〈兇手的自白〉）然後請你來當偵探，來查兇手到底是誰？

透過這個刑案，我們可以舉例他們到底做了哪些事情？──→進入Search可以找到哪些東西？──→他們這在期間（名模死之前）四人分別或共同與名模做過哪些事情？──→到過哪些地方？──→吃過什麼？──→消費過哪些東西？──→甚至嗑過什麼藥物？ ──→憂鬱症──→抗憂鬱藥──→遺書……（進入入口網站做搜尋動作），你將會發現這裡的層面包羅萬象，什麼東西都可以寫。

Jerry認爲，「誰殺了名模小伶？」這個標題一出來，他相信媒體看到或觀眾看到都會跳腳的！Jerry又風趣的說，當然也可以相當藝術的表現，換個話題呈現：「誰偷了喜多朗的指揮棒？」要用什麼方式呈現其實都可以，但重點是，要注意的是結構問題，是不是要注意到步驟的玩法問題，這相當關鍵。Yahoo!奇摩開始思索這個提案與「Yahoo!奇摩搜尋」著重使用者體驗的關連性是重點，於是他們很快的決議，認爲Jerry的方法是對的。

形象包裝的忌諱

此時Joann提出一個問題，雖然方向是對的，可是「殺」這個字眼，可能會有損品牌形象，更有不吉利的感覺。於是匸合應客戶的要求，將企劃案做另一個設想，如果不用殺這個字眼，那是不是讓名模未婚懷孕，則可免除一死！例如可能有些客戶不喜歡拍黃昏，或下坡，不喜歡產品被顚倒或翻倒或炸死。於是匸合提出未婚懷孕的想法，Yahoo!奇摩則接受了這樣的方式，於是按照這個懷孕方法，先把故事大綱寫出來，但Jerry和工作團隊們還是想要用比較顯眼的字眼，於是可愛的工作團隊，用了一個極顯眼的動詞，「誰『搞』大了名模安妮的肚子！線索就在Yahoo!奇摩搜尋裡！」（夠精采吧！動詞是相當重要的，這讓匚合的團隊和Jerry是相當開心的！）。於是，藉由Tommy的腦子與巧手，又寫了一個企劃案，內容當然要影射啦，例如水噹噹後援會，富商常去的地方，北美館的展覽等……結果，在下一次的會議裡，（知世有參與這次會議），Joann認爲這次的企劃案有過多的影射在其中，希望匚合做調整。

當然在此次的會議之前，客戶對於名模未婚懷孕這個故事是覺得有趣的，希望匚合能將這個故事完整化，並將有損形象的字眼拿掉，於是就讓Tommy花一個禮拜時間去寫。在匚合調整這個案子的同時，Yahoo!奇摩並請知世開始一起參與這個案子的討論規劃工作，就在一周後，Tommy將改寫好的第一個版本E-mail給大家看，次日三方第一次針對名模懷孕這個案子來共同討論。

在廣告創意激盪的過程裡，值得一提的是，Tommy這個人原本只是匚合公司裡平凡的Copywriter，也就是說，剛開始這個案子在進行改寫時，完全沒有想到這個案子會由Tommy所負責編寫的，故事說到這裡則是有趣的「開始」！

因爲在三方第一次的會議討論時，大家都沒有人認爲這是該Tommy要做的事情，從頭到尾巴都沒有想過這個看起來如此平凡的人，即將是穿起戰袍往前方作戰

的重要人物！而且這生死之戰的關鍵，讓看起來沒有殺傷力的Tommy要去做進攻的動作，誰都想不到Tommy的苦日子在後頭！

Jerry將構想的完整企劃案遞給了Yahoo!奇摩和知世看，當然大家一看這就是一個偵探故事，理所當然要請偵探作家來完成整個故事的鋪排才是，大家也都認同。於是想著外包給作家來寫作偵探故事，像是張大春或其他作家，絕對不會是一個Copywriter。知世也覺得他們公司沒辦法做中間的細節編寫，因爲每一段故事都有不同的搜尋東西，例如名模周遭的環境設定，或四個嫌疑者的生活細節，如何跟名模的生活扯上關係？名模跟這四個人如何認識的？懷孕前又是跟誰進出過飯店？這些都是一連串的結構故事，當然三方都有共識來請偵探作家來完成寫作。

以期待心理促成行為模組改變

Jerry針對行爲模組的改變，預計在一個禮拜當中，把這個名模的事件成行到廣告影片播映，以及到故事的結束，預計差不多要花一個禮拜的時間，因爲Jerry認爲消費者大概沒有辦法忍受太長時間的模式，後來知世提出一個非常有建設性的想法，他們認爲應該要用四個禮拜來操作這個故事，這也是讓匚合從知世那裡學習到重要的另一個不同的操作手法。

這樣的操作方式是讓消費者透過這個故事的參與，能有期待的心理，不停的渲染，因而造成一個很大的話題，後來證明了知世這個看法是正確的。因爲有四個禮拜時間操作，所以有廣告影片的「上映時間」和「下檔時間」要討論，因此什麼時機來播放這支廣告影片？那廣告影片又是在什麼時候下檔才具效應呢？這支廣告是否能成功，這裡的決定是相當重要的一個部分。因此當時在Yahoo!奇摩的辦公室裡，大家都很認眞的在討論這個問題。

知世在此時提出了一個想法，他們覺得在第三週名模應該出來開個記者會，在記者會當中，把故事寫在網路上，在網路上的每一週都給一個小主題和其他線索，

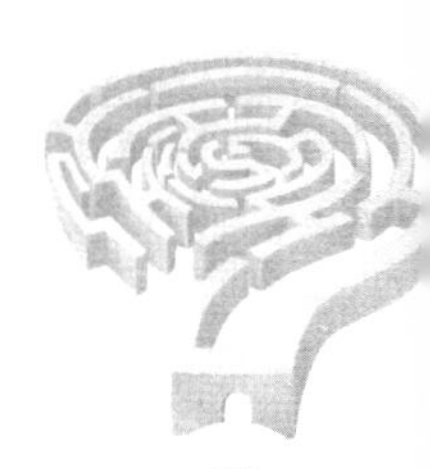

就像連續劇一樣。

在這個記者會的成形討論下，原本所出現的故事畫面是，名模戴著墨鏡、帽子，不得見人的樣子哭著開記者會。（呈現TVC很狗仔的部分），原先設想是電視廣告一支加上四個小片段，放在網路上大家看，於是匚合就將TVC的稿子寫好，接下來最後就剩故事寫作的部分，於是知世就找了一個推理作家來寫故事。

因爲作家所寫的第一週故事描寫過多偵探內心的掙扎，以小說型態而言的確是精采的，但是因爲其創作小說的結構之時間長度，與廣告分秒必爭的時間長度有所預期落差，廣告必須在控制的時間之下，呈現最精簡的故事，其困難點就是時間上的限制，必須在有限的時間之內，表達出廣告的主旨，否則將會徒勞無功，這是相當現實的事情。

不過這位作家卻提供了一個相當好的點子，認爲讓名模懷孕的不應該是那四個人，而是偵探本身，這個想法會令人錯愕，卻也是較爲猜不到的搜尋結果，大家一致覺得這是一個很好的提議。

如果作家無法完成故事，Jerry認爲這樣的事情可就大條了，但肚子是匚合搞大的，必須也得由匚合自己生下來才行，於是在那個會議的場面上，Jerry心裡一直在征戰：「我范可欽遇過許多場面，什麼場面沒見過？無論如何也要頂下來才行！因爲這是面子問題！在客戶面前也得撐著！」。於是在當場，就在大家的無預警之下，Jerry突然冒出一句：「Tommy來寫吧！」（附註：請看Tommy——《兇手的自白》，詳細記載了Tommy那時的心裡作何感想。）就這樣匚合的同仁在回公司的路上，心理非常沉重，當匚合的創意小組們與Jerry經過了南京板鴨店時，Jerry說了，大家今天沒搞出這個故事就別想回家，說著說著，就進入了南京板鴨店買了晚餐準備開戰！

南京板鴨之夜

這天下最可惡的人就是落井下石之人，正當大家愁眉苦臉之時，Ann卻顯得開心不已，她認爲越複雜的事、越難解決的事，是最有趣的事，還跟Tommy說加油！彷彿無關己事一樣，Jerry開玩笑的說，他們的團隊裡頭Ann是最會欺負Tommy的人呢！這時的Tommy在肩上好像壓了一塊大石頭一樣，快要喘不過氣來了，而且他腦子一片空白！

Jerry也沒想過自已要做這樣的事情，原本只是負責將廣告拍一拍就好的，竟然還得面對編寫偵探故事的事實。就這樣南京板鴨攤在匚合會議室的桌上，Jerry想著得先餵飽大家的肚子才行，調皮的Ann竟嚷嚷著要

去買啤酒，以爲是開同樂會啊！Tommy已經冷汗直流了！這小妮子可一點同情心都不給Tommy。

眼看著廣告要推出的時間相當的近了，無論如何也得趕鴨子上架吧！沒想到，大家一吃飽，Jerry在白板上寫了幾個字，接著其他人就跟著開始激盪著腦子，一堆想法和創意湧現而出！就像是《達文西密碼》加上《台灣霹靂火》、《台灣龍捲風》、《天地有情》的劇情，《東方快車謀殺案》、《沉默的羔羊》……等，只要是范可欽生命當中所看過的文字書籍或是戲劇電影，都拿來混合使用，白板瞬時寫得滿滿的，誰殺了誰？誰又讓誰怎麼樣了？……許多奇奇怪怪的串聯式戲劇事件都上演在這南京板鴨之夜了！總結論這是一個名模復仇的故事，名模處心積慮要懷上富商的孩子，只爲要謀奪富商的財產，因爲在故事的背景裡，名模經紀人是個變性人，曾經被富商欺騙了感情，名模跟經紀人的關係有如家人，所以她得要進行這個計謀，如此可以爲經紀人報仇！當然過程還牽扯到同性戀、戀童癖、嗑藥等等極近噁心變態的劇情。

其實故事爲什麼會走到這裡？那是因爲范可欽小時候看過《基度山恩仇記錄》的故事，他自己一直想要寫類似這樣的一個復仇故事，潛意識就會有這樣的動機，所以當一個人要復仇的時候，所有的道德倫理觀念都得要靠邊站，爲達目的不擇手段。因此在故事呈現當中可以搜尋婦產科醫生、整形醫生、名模小伶的哥哥是同性戀，並跟誰又發生什麼關係等的關聯搜尋。（附註：請看Tommy——〈兇手的自白〉一篇）到最後達到復仇計畫，並得到了遺產，那夜范可欽腦子一直充滿靈感的說著故事，Tommy和其他人則動筆不停的寫著，到最後大家都好開心！在場有八個人都陷入了瘋狂境界！還有人將案子取名爲「台灣黑旋風」！范可欽認爲大家會那麼High，是因爲激發了人性本惡的部分！吃了南京板鴨想到南京大屠殺後，極罪惡之事，全都宣洩在白板上！Jerry將故事想完後，問著Tommy：「這樣可以了吧！」Tommy則回答Jerry：「太辣了！太辣了！」。

Jerry的興奮之情溢於言表，世界奇案驚悚劇情就這樣誕生了！有同性戀、雙性戀、變性、整形、懷孕、謀殺、人倫大悲劇、復仇、二次大戰、兩代糾葛……等的戲劇情節，將名模小林塑造成一個具謀略、不顧仁義道德，沒有人性的女殺手，多有張力的一個案子啊！整個晚上大家覺得這樣的劇情沒問題後，就叫Tommy用兩天的時間把它寫成企劃案和故事大綱集結Search線索。寫完之後大家好開心，心中像是放下一個大石頭般，輕鬆的不得了，對整個結構震懾不已，連「知世」都覺得很勁爆，於是，接下去就是自信的E-mail給

Yahoo!奇摩看……

Jerry沉重的回憶起當天Yahoo!奇摩對他們說的第一句話：「這是台北孽子版嗎？」在沒有任何心理準備之下，這句話令Jerry相當意外，Jerry一直覺得做網路的人應該可以接納任何的故事，沒想到Yahoo!奇摩他們完全不能接受，Jerry心想完了！以他多年的經驗，這樣的題材好像不太能勉強對方接受。

Jerry接觸過許多的客戶，他們的語言，在情緒的表達上會讓人知道執行的可行性有多高？一般客戶如果覺得案子不錯，有談的空間存在時，應該會說可以修一下；或是說：是不是加進什麼內容會更好……等的用語，可突如其來的這句話，搭上臉色沉重的Yahoo!奇摩長官們，他便知道這下事情又更大條了！

後來Jerry的工作團隊，用專業的精神，講述與解釋爲什麼要安排這故事走成這個方向，當然他們試圖想扭轉趨勢，畢竟是花了心血在上面的。可是，Yahoo!奇摩那裡又再以冷靜的話語對Jerry他們說：「不行就是不行！」可見，已經碰觸到客戶完全不能接受的底限，而且還對Jerry說寧可不做，也不會把這件案子做成這個方向，這會損害Yahoo!奇摩的形象。

察言觀色——范可欽的天賦

如果一間廣告公司不會讀客戶的情緒，勸你不用走這個行業了吧！所以當時Yahoo!奇摩並沒有天人交戰，而是他們不玩了！這也就是說客戶對你失去了信心了！Jerry說著當時，他想要保住的是「面子問題」！於是Jerry對Yahoo!奇摩那邊要求再給他們一個禮拜的時間，Yahoo!奇摩雖然沒有不答應，但看著他們的神情，似乎不會抱著多大的希望。

回頭思考這件案子，Yahoo!奇摩提出「女性主義」的觀念，他們憂慮這個案子太過扭曲，擔心會引起社會上女性們不愉悅的心情，要從這方面開始思考。Jerry那天從Yahoo!奇摩的會議出來後，並沒有說什麼話，後來在週末的兩天裡，Tommy無論怎麼聯絡，都找不到Jerry！因爲Jerry將行動電話關機了，讓Tommy開始緊張了……

這是因爲Jerry還沒想清楚怎麼解決這件事情，又不希望被打擾才鬧失蹤的，終於在兩天後Jerry出現了，跟Tommy討論後，將違反善良風俗，抵損女性的這塊區面給導正回來，要讓觀者看了後，所傳達出來的女性是被尊重的。爲了「女性主義」這四個字，Jerry在消失的那兩天裡跑去租了許多關於女性的錄影帶，例

如：《時時刻刻 》（*The Hours*）這部片子，想要搞清楚到底女人是怎麼想的！所以在上班日的時間，馬上跟Tommy討論案子該如何修正。

女性主義——我懷的是上天的孩子！

Tommy與Jerry朝女性的觀點來討論後，故事結構還是維持偵探式的，只是從懷孕見不得人的這個觀念，轉成懷孕是小林所希望的，而且是開心的。並把變性人、同性的問題給拉掉，將角度換爲幸福的一面，如此定調後，就開始寫了故事大綱，那時Jerry還提醒未下筆的Tommy，在寫這次的故事時筆韻要溫柔一點，就如寫詩一樣！接著只好看客戶如何反應了。

後來Yahoo!奇摩看了，大吃一驚，在短短的時間內就完成，而且故事走向都不一樣了，還以爲換了一個人寫的故事呢！所以最後的故事定調，從戴一個漁夫帽遮遮掩掩，哭泣開著記者會的小林，轉變成了一個幸福洋溢的女人，開心的宣布她懷了上天的孩子！之後Jerry想著和Yahoo!奇摩合作的這個過程，發現他們的考慮眞的很周詳且面面俱到，相當細膩地爲女性著想。

誰來飾演模特兒？

原本戴著漁夫帽不露臉的模特兒，找誰拍都好，現在要露臉了，模特兒的選角就變成很重要的一件事了！

「要找個170公分以上的演員，不去模特兒經紀公司找，難不成要在籃球場上找嗎？」Jerry笑著說，那過程也是挺有趣的，後來就讓公司的人把腳本傳給「凱渥」還有「伊林模特兒經紀公司」，結果，他們的經濟公司看過後，人人避之唯恐不及！覺得怎麼可能會讓旗下所屬的模特兒去接這樣的案子呢！名模懷孕耶！這不是好像意有所指自己旗下的公司有名模懷孕嗎！他們全都拒絕了這個案子，拒絕了范可欽。

所有名模的經濟人都不敢接，兩家大間的經紀公司都不肯接，怎麼辦呢？後來，Jerry想到自已有個朋友也是模特兒經紀人，旗下也有個爲101大樓拍廣告的模特兒，決定打電話給那位朋友，因爲有了前車之鑑，當然不能直接說出這個廣告的主要內容，只是告訴她大約的性質，說有個Yahoo!奇摩的片子，主題廣告Search的東西，講一個名模的故事，滿有懸疑性的主題，想找他們那位模特兒來拍，對方一聽覺得不錯，直接就說好，因爲范可欽沒有解釋最重要的部分（名模未婚懷孕的部分）。而范可欽則將選好女角的相片寄給Yahoo!奇摩那裡看，客戶也相當滿意，於是開始籌備。

正當開拍的前兩天，這位女角的經紀人突然打電話到匚合去，跟范可欽這間公司要腳本先看一看，Jerry

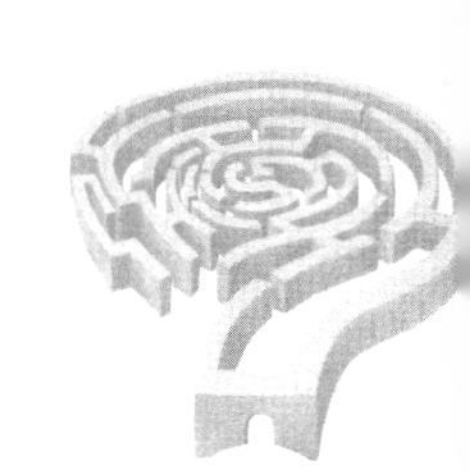

想說這下可能又有問題了！果不其然，腳本傳過去不到十分鐘，對方打電話來，經紀人便激動的批哩啪啦說著這腳本他們模特兒絕對不能拍！對方是Jerry的好朋友，無論Jerry如何遊說她，她還是沒辦法接受關於自己的模特兒演出懷孕，還跟四個男人揪扯不清的這個角色，所以也就婉拒了范可欽了。范可欽還要這位經紀人如果後悔，在開拍的前一個小時，都可以打電話給他，因爲他認爲這部廣告片子，是誰拍誰紅！

後來透過經紀公司找了兩位不錯的模特兒，這兩位都不是很有名氣的女孩，只是其中一位的艷麗亮眼讓大家都覺得非她莫屬，導演也覺得很滿意，於是把兩位模特兒的相片傳給了Yahoo!奇摩，Yahoo!奇摩公司的台灣區行銷總監Joann看的時候，她卻意外的持反對意見，因爲他們不是很放心這樣艷麗的女孩是否有觀眾緣？Yahoo!奇摩公司認爲這位模特兒沒有另一位來得親切可人，他們的考量會擔心觀眾的反應會兩極化，喜歡的也許就會覺得很喜歡，不喜歡的人看了便會有相當反感的可能性，不得不慎重思考。

Yahoo!奇摩公司的團隊最後堅持用了另一位模特兒當女主角——孫藹暉，大家也就順著他們的方向去做，最後，也證明了Yahoo!奇摩的想法是對的！

范可欽聊起Joann的時候，他認爲她是一個非常細膩的女人，在各處的思慮及預見的可能性都做到了最好的把關，一個主管對於廣告形象整體的敏感度，他相信Joann是具備了這方面的專業，在選角的這件事上，范可欽很感謝Joann，覺得她功不可沒。決定角色後，一切上線就開始拍了！

知世抓取網路遊戲的概念構思，在於當時有一個相當火的網路遊戲叫「逃離房間」。在遊戲屋裡看你如何走出房間，充滿神秘又刺激的玩法，有許多人根本沒辦法走出去而困在那裡，但是，越是走不出去，就越想要走出去的一種征服感挺令人玩味的。這是剛開始最基本的設計想法概念。於是逃離房間的概念被運用到這整個廣告在網路的設計當中。（技巧上的運用，追尋想要出去的那把鎖！）

片子的效果反應

拍完了廣告片子後的隔三天就開始上線（網路），片子卻在第二個禮拜後才開始走（電視），在片子上了之後的整個後續，大家都不知道會有多大的媒體效應及觀眾反應。

第一個禮拜以Yahoo!奇摩在網路上的第一媒體而言，網友的反應會是如何？這是大家所關切的。當然，這時候發現，已經有相當多的網友上來玩這個搜尋遊戲

了。

有一個相當有趣的事是范可欽想與大家分享的，那就是參與拍攝的許多工作人員，在討論區裡引起許多有趣的話題，他們說著當天拍攝已看到了腳本，知道孩子的父親是誰？在這樣的效應之後，人人開始成了偵探了！討論區的網頁，第一天就有三十幾頁的驚人實力！到第三天已經有好幾百頁，一直燒到快要爆點了！

這代表在網路區裡找到了一個龐大了流量，將大家導入到了一個會成功的宣傳計畫裡頭。

在這樣網路嚇人的流量之下，范可欽開始打媒體主意，不知道媒體對於網路上的這個話題是否會有興趣呢？（那時還沒上電視廣告的片子）於是他就試著打電話給幾家他熟悉的電子媒體朋友們，問他們有沒有興趣報導？他發現，大家的興趣都缺缺。又在思索，要如何引起媒體的興趣？試了幾個方法勾引媒體，好像都沒用，最後，范可欽認了！一切交給上帝處理吧！

過了幾天，廣告影片上了，不到兩三天，媒體反而主動打電話給范可欽，問范可欽廣告片子是不是他拍的？女主角又是誰呢？那個模特兒在哪裡啊？Joann也打電話給了范可欽，她擔心他們做這個廣告的出發點好像不是要讓他們（媒體們）往這樣的方向去報導名模事件，這個事件行銷的模組，是否方向會偏掉呢？范可欽了解後，告訴Joann他會處理媒體的部分，只要有人問名模是誰所飾演的？他就會把他們的方向導向「Yahoo!奇摩搜尋」的創意出發點上，但，似乎媒體還是不以爲意，硬要問著范可欽，那個模特兒到底是誰？

後來，范可欽告訴媒體，他給了他們模特兒經紀公司的電話，TVBS率先走了這則新聞，開始報導最近走紅的孫藹暉這個模特兒的故事。過了兩、三天，Yahoo!奇摩公司又打電話給范可欽，Joann認爲實在有太多人在問了，乾脆開個記者會吧！讓名模安妮眞的出來一次。這是在第三個禮拜發生的事。

到了開記者會當天，來了一缸子的媒體，各台就開始挖安妮是一個什麼樣的人？他們家是賣滷味的，父母是怎麼樣的人？……等的問題。於是這件事情就越炒越熱。

現代灰姑娘——滷味西施孫藹暉

事實上，這個廣告成功的要點，是讓大家有無限的想像空間，而數字證明了有非常多的網友所產生了連鎖性的反應，引發討論的興趣，而且這事件剛好搭到了名模的社會事件，加上大家的奔相走告，以及探尋名模安妮這個女孩的背景，她長得這麼的甜，還是個滷味西施，是相當具有話題性的。再加上范可欽放了消息，說

明各家模特兒經紀公司不敢拍這個廣告的歷史回溯，這樣的整個媒體行銷就衝上了另一個話題性主題來討論這件事。

事後，范可欽問了孫靄暉的經紀人，問他是不是接到案子的時候有所掙扎？他反倒是說，想那麼多幹麻？拍了再說！讓范可欽愣了一下，往往人的機運就在於那一刻的當下決定！後來電視節目爭相邀約范可欽上節目，平面媒體、廣告雜誌也開始採訪范可欽對於廣告案子的企劃過程。

當然，孫靄暉紅了之後，配備也不同了，還多了一個助理，這是讓她很意外的，藹暉也非常感謝范可欽給她這個機會，對她而言這完全是一個灰姑娘的故事。因爲從小到大，身高對藹暉而言是相當大的困擾。有一天上節目的時候，藹暉帶了他們家自己滷的滷味給范可欽，她覺得沒什麼東西可以謝Jerry，只好帶了三大盒的滷味謝謝范可欽，在范可欽的眼裡，她是一個相當可愛單純的女孩。

從這件事情上可以給很多經紀人一些啓示，很多經紀人都只看表面，都不看裡面！像藹暉的經紀人，只單純的認爲這是一個演出的機會，而藹暉也是一個剛出道的新人，單純的去接了這樣的工作，讓她沒想太多的情況下突然爆紅，卻反倒是讓許多名模錯失這樣的好機會。

范可欽的廣告哲學
——什麼是最好的廣告案？!

這支廣告案子的過程可以說是驚濤駭浪！反而是想法單純的人容易成功。「堅持到底，學會傾聽，保存一個單純的心態做你的事情！」這是范可欽給想要走廣告創意這條路朋友們的忠告！他認爲如果有太多的想法、雜念或是自以爲是的態度，都不會是好的。而且，什麼是最好的案子，決定在自己。范可欽也相當欣慰有這麼好的工作團隊一起努力，他認爲一個好的案子會成功，對不是自己的功勞！每一個關鍵點，都有關鍵的人去做關鍵的事，一層層細緻的分工、合作才是成功最重要的法則。如果每個人都很情緒化的去面對工作，當然也就不易成功。

「一個行銷事件，最後所產生的東西絕對不會是安全的；風險跟榮耀絕對是成正比的！」范可欽認爲大家都有立場考量，也沒有人錯，重點在於投資觀念，要得到很高的榮耀，所擔的風險也就越大！操作的主題，所有邏輯是否要在安全的話題裡去玩？這是要好好思考的。

范可欽做了多年的廣告，一路走來，回頭修正，再

繼續往前的精神，一直是他所把持的，做行銷的人一定要有膽識，不是懸崖峭壁不上，不是風起雲湧不跟！這樣的人才會比較容易成功。他一直記住好朋友孫大偉跟他說過的一句話，「麥子成熟才低頭。」越是成功的人，他越謙虛，所以到今天他也體會了這樣的道理，他認爲「麥子成熟就低頭」！他把這句話送給在職場上的朋友們。

兇手的自白

我這個兇手是匸合廣告總經理范可欽的文案Tommy，本來是要做一票大案子殺掉名模，結果人生難料，遇上Yahoo!奇摩搜尋三個生性善良的女生，對我循循善誘、文攻武嚇，讓我從生性兇殘的兇手，變成讓女人懷孕敢做不敢當的鹹豬手，最後連安妮的手都沒牽著，還要勞動全國網友把我揪出來，還要揹上讓安妮懷孕這種惡名，你說我怎麼能不吐出一肚子墨水，先自清一下……

當但丁遇上鐵釘

名模安妮懷孕經過媒體爆料一個月後，全國網友陷入是誰讓名模安妮懷孕的熱潮？這時候我在電腦前打了一封信，拿起桌上名模安妮和日本男模羽賀一郎的錄音帶，和富商出遊的照片，《聖經》、《聽屍體在說話》、《人骨拼圖》、炙手可熱的《達文西密碼》把這些書全丟進紙箱。順勢點起了煙，心想名模安妮懷孕這事件正看出人類偷窺的本性，到現在沒有一個人知道我也是那個讓安妮懷孕的男人之一匚合廣告文案Tommy，正確的來說如果范可欽是讓安妮懷孕的接生婆，Yahoo奇摩搜尋的三人小組行銷總監Joann Chen、搜尋事業部總監Anita Huang、搜尋行銷經理王品品和匚合廣告、知世網路的所有人都是左右手，我起身離開辦公室，伸了個懶腰，走進會議室，傳來范可欽的聲音……第一名模安妮香消玉殞，那天下午范可欽和我的計畫名模安妮原來是要死的，是Yahoo!奇摩行銷總監Joann硬生生的把安妮從鬼門關內救回來。

兩個月前，因為Google在台灣沒有辦公室，但不費一兵一卒，靠著口耳相傳、口碑經驗，讓Google搜尋的使用率不斷上升，這讓台灣第一大入口網站Yahoo!

奇摩全體人員芒刺在背、紅了眼，決定找上匚合廣告，她的目的只有一個，阻擋Google這隻洪水猛獸，提升Yahoo!奇摩搜尋的線上使用率，事業部的Anita Huang還提出了「維多利雅的秘密」知名品牌內衣廣告行銷案例，要我們像維多利雅一樣把人全趕到Yahoo!奇摩上，踴躍使用搜尋。同時他們也找了網路界的行銷專家一知世網路一起提出想法討論，目的只有一個，全力擋住Google。

離提案還有四天，范可欽，以及媚登峰「Trust me, you can make it！」聞名暇耳的創意顧問張偉能，副總林純正和我這半生不熟的文案、Art、A.E全數投入，我們一夥人在會議室打屁哈拉，一開始，誰也沒想到會把安妮的肚子搞大，從接到Yahoo!奇摩搜尋告知，我們都知道這案子並不難，任何稍有廣告經驗的人都知道就是把人趕上Yahoo!奇摩。我看了坐在對面的廣告業務，身材像乾扁四季逗的Ann開玩笑的說：「想知道如何創造傲人的36G，請上Yahoo!奇摩搜尋……」，她正眼都不瞧我一下，繼續喝著她的青木瓜四物湯，我心想，二十五歲前還能發育嗎？范可欽說找出319讓台灣變天的兩顆子彈，偉能說找出張錫銘的逃亡路線，他們兩位前輩投石問路，讓我們這些小輩熱烈討論起來，什麼尹清楓、劉邦友，史上最慘的血案，全在會議桌上出籠。設計Kris看著《中國時報》冷冷的說：「誰偷了喜多郎的仙女棒」，坐在對面的范可欽眼睛瞪大的看著報紙頭吐出：「林志玲！名模林志玲！」，我心頭一震，看來當紅名模林志玲難逃我們惡搞得命運，首先爲了避免指涉，我們把小玲改名成小伶，會議桌上大家你一言、我一句，製片耀埕更抱進這陣子所有名模的報導，爲了更聳動，我們還把傳聞的日本男模，包養的富商一起拉下水。會議歷時兩個小時多的討論，終於大功告成。創意拍板定案是「誰殺了名模小伶」，匚合廣告想創意的時間遠遠短過我之前待的任何廣告公司想廣告的時間，廣告教父孫大偉曾說：「最好的創意要有兩個星期的時間。」但這兩星期在匚合廣告已經夠從提案到廣告拍攝完成，當大家不負責任你一言，我一句後，我文案的工作才開始登場，要讓客戶Yahoo!奇摩了解我們是怎樣思考這個廣告過程，如何吸引人上來搜尋，我必須要把安妮的前身小伶的死佈置成一件完美的謀殺案，吸引看見這個廣告的人興趣，上Yahoo!奇摩搜尋找出線索，把殺害名模小伶的兇手揪出來。

一則完美的廣告要像一件完美的謀殺案毫無破綻，我還有四天的時間，我這文案，做過車子，寫過化妝品，賣過酒，戴過女人Bra，雖然大學念的是中文系，但每天都在鬼混，更何況寫推理小說。爲了創造這場完

美的謀殺案，我到敦南誠品搬回了《神探李昌鈺》、《法醫高大成》、《聽屍體在說話》，到百視達借了最受歡迎的影集《CSI犯罪現場》，還有《金田一》、《柯南》、《青之炎》，只是我本性敦厚、壓根沒想過害人，更想過要成爲殺人犯，我完全沒有這方面的知識概念，（做一個文案雖然不必要上知天文、下知地理，但至少要是個雜家，什麼都要懂。什麼場合都能跟人家哈拉兩句。）只怪我平時不用功，臨時抱佛腳，什麼左手的人自殺勒痕右邊傷口會較深，死亡超過七十二小時候身體會出現屍斑，法醫眞不是人能念的，我的腦海裡一幕幕閃過小伶死前的掙扎，穿著黑衣的男人拿起安眠藥拼命的往小伶的嘴裡塞，小伶想大喊救命……卻發不出聲來，我從夢中驚醒過來，嚇出一身汗，電視上衛視中文台李昌鈺正在解釋總統槍擊案的彈道問題。我做了五年的文案，我有預感我一定存著巨大的幻想症，因爲我開不起賓士車但我要催眠自己買的起，我沒有蘋果麵包，卻要想像它每個月會來一次的痛楚，我明明害羞，卻要學我老闆的口氣說：「你在看我嗎？你可以在靠近一點！」，我的個性是只要我喜歡，但是我不敢，卻要虛張聲勢說只要我喜歡有什麼不可以，我走到廚房泡了杯咖啡，等著文昌君伏乩，盼李昌鈺或福爾摩斯上身從迷團找出小伶的死因。

福爾摩斯走進溼漉漉的兇案現場，仔細端詳著小伶留下的遺物，小伶生前喝過的可樂，小伶脖子上的勒痕，明明是他殺，兇手卻故佈疑陣成自殺，從名模小伶生前的交往關係，他發現兇手可能是男模、富商、女婦產科醫生、狗仔隊這四個人之一，最後他在小伶已經呈現紫色的指甲中，發現人造纖維，他找到兇手了，而線索就在Yahoo!奇摩裡，我打開電腦，把腦子一幕幕的情節在鍵盤上敲打著……

誰殺了名模？

台灣第一名模小伶8月24號下午10點30分，被男友發現陳屍信義區自宅，研判死亡時間是下午6點30分，死因是呼吸困難，血液中缺氧造成。頸部有勒痕，皮下瘀血現象，死亡前服用過量安眠藥，左指指甲中有燒紙纖維的氣味，現場還有未喝完的可樂，一捲撕毀底片，警方很快的就逮捕下面四名涉嫌重大的嫌疑犯：

1.小伶男友。
2.傳聞包養小伶的科技富商。
3.整型醫師。
4.跟拍的狗仔隊。

富商：「8月24號當天下午3點多曾找過小伶，並送給小伶香耐爾絲巾，帶了小伶愛喝的可樂，他們確實談到一千萬包養的事，他約4點左右離開，富商表示小伶6點左右曾撥電話給他，下午他搭遠東586班機前往台東，當天他穿的是棉質的休閒衫，他說她絕不可能殺小伶。」

小伶男友：「當天下午6點左右，他一人在遠東國際飯店的天幕餐廳用餐，並且點了挪威燻鮭魚、蕃茄起士、酸拌什錦菇、肋眼牛排，喝了紅酒，約10點離開，和小伶約好晚上10點半左右見面，當他進門時，發現小伶已經死亡。經化驗他穿的是絲質襯衫。」

整型醫師：「當天小伶約好過來醫院覆診，但下午3點多左右撥電話來說家中有訪客，小伶因爲抽脂，我怕引發相關後遺症、加上她有服用Prozac、Xirenical（未經合法上市的減肥藥「讓你酷」）的習慣，所以我到他家找她。和她聊了一會，5點多離開，逛信義區到7點多才回家，當天我穿的是的聚脂成份的套裝。」

狗仔隊看著自己手上包裹著的傷痕：「當天我跟拍到富商、和一名女人上門找過小伶，小伶在下午5點多發現我，曾下樓來搶走我的底片，我看小伶沒有再下樓，約5：35離開，把底片拿到吳興街巷口的彩色沖印店沖洗，因爲和小伶發生扭打，被小伶抓傷，當晚我到國泰醫院外科看病。當天我穿的是尼龍與絲混合的白T！」

他們四個人到底是誰是殺害名模小伶！！

解答

你可以根據下列線索上Yahoo！奇摩搜尋，你將發現四人當中有一人說謊：

1.8月24號從台北飛往台東的遠東586班機是幾點？（1）18：00；（2）19：00；（3）20：00；（4）18：30。
2.根據化驗結果小玲中指燒紙般纖維的味道是何種衣料所引起：（1）棉　；（2）尼龍；（3）絲；（4）人造纖維。
3.下列哪種毒物會造成呼吸困難，血液中缺氧的情形？（1）氰酸甲；（2）水銀；（3）農藥；（4）砒霜。
4.下列何者不是遠東天幕餐廳主廚推薦的名菜：（1）挪威燻鮭魚；（2）蕃茄起士；（3）酸拌什錦菇；（4）肋眼牛排。
5.服用俗稱藍色小藥丸的Xirenical會產生皮下瘀血的情形，這是因爲體內會缺乏某些維生素，下列其中哪一項不包含在內？（1）A；（2）B；（3）E；（4）

K。

6.Prozac藥丸俗稱什麼？（1）快樂丸；（2）百憂解；（3）讓你酷；（4）威爾柔。

7.國泰醫院8月24號晚上的門診外科醫生是誰？（1）蔡有勤；（2）連恆輝；（3）伶錦龍；（4）黃其盛。

8.位吳興街口的相片彩色沖印店是什麼名字？（1）逸達照相器材；（2）美好沖印社；（3）富麗彩色精品沖印；（4）眞善美影像彩色沖印。

由現場未喝完的可樂，我研判內含氰酸甲是小伶致命的關鍵，以溶解面積來說下藥時間是6點20分以後。可樂雖然是富商買的，富商19：00飛往台東，Check in的時間爲6：50，以車程來說，不可能在短短二十分鐘內趕到信義路101對面小伶家將她殺掉，回到機場。

整型醫師開給小伶Xirenical藥丸，雖然服用過量，還不致造成死亡。你五點多離開，在新光三越A9買了GUCCI包包，發票時間是6：30，所以你絕不能殺害小伶。

經化驗雖然小伶左指指甲中有燒紙的纖維氣味，當天只有狗仔隊、和他男友穿著含絲質的衣服，但小伶頸部的絲帶勒痕右側邊較明顯，小伶男友是右撇子，加上

他在天幕用餐來到小伶住處至少三十分鐘。不在場證明加上不可能……所以殺害名模小伶的兇手是狗仔隊——你！

你計畫看似萬無一失，但你未注意到8月24號國泰醫院晚間蔡有勤醫師休診，你左手手傷並未看醫生，你到藥局買了氰酸鉀，心有不甘，回到小伶住處外，按了門鈴說要把照過的底片還她，小伶表示感激，拿了可樂給妳，妳趁她不注意，便在可樂下毒，小伶喝了飲料後，毒發和你扭打，你一氣之下便用絲巾勒死他。殺了名模小伶的人，就是你——狗仔隊！

創意與銷售的十字架

因爲納利颱風突然來襲，讓我有更充裕的時間重建名模安妮的死亡現場，我不斷的修正情節，同時利用Yahoo!奇摩搜尋找出各種可疑的線索，蛛絲馬跡。傍晚，我重新在校閱一次腳本，當我看見小伶，她兩眼突出，膚色泛紫，香消玉殞的模樣，忍不住的在胸前比了個十字架，想不到小伶死的那麼慘，按鍵一按關上螢幕，終於大功告成，我終於殺害了小伶，我也找到了兇手，突然我電話響起！把我從兇案現場拉回來！

「Tommy！」范可欽說：「東西寫好了嗎？」

「我已經傳給你了！」我說

范可欽隨即掛上電話，我點起了一根煙，想想我到匚合快兩年了，在此之前稱的算是廣告浪人，東一家，西一家總覺得遇人不淑，許多廣告公司都認爲文案就是寫寫字，沒什麼了不起，然後文字出來辭不達意，語句零落，況且廣告畫面能說清楚的，文案就少廢話，讓消費者自由想像，直到來到匚合廣告遇見范可欽，他認爲廣告是一個嚴謹的計畫過程，從策略到廣告表現，我們文案要不斷的伸出手，讓消費者跟我來，不管是幽默、

恐怖、感情訴求、文字永遠要背負著創意與銷售的十字架，有時文案要像老頭子碎碎念、有時要能恰到好處一語驚醒夢中人，完全看廣告的目的。在范可欽眼中文案是文學，也不是文學，文學是文案的文字和消費者一定要共鳴，我剛來到匚合廣告的時候，吃足苦頭，差點沒讓他拉著我的手寫字，不是文學是一定要想到消費者，沒有為廣告而廣告這件事，你說的是外星人的話就要外星人才聽的懂。

看了錶才剛過十二點多，我想除了完整的名模小伶故事應該再多提幾個，就把幾天前大夥在會議室舉的例子，有格調、高水準、充滿鬥智、鬥力的喜多郎指揮棒被竊、還有恐怖懸疑媲美從電視機裡爬出來的貞子，融合西方吸血鬼、東方趕屍隊的旅行團撞鬼事件，還有在張錫銘的脫逃現場發現警方的摩斯秘碼，懷疑有內鬼介入，劇情直追「無間道之全民獵龍專案」，又寫了一則台灣無間道的張錫銘內鬼篇。

我們創意顧問偉能畫腳本的功力，鏡頭的運用，在台灣廣告圈絕對是前五大，看著他一手抽著煙斗、筆起筆落，一時間勾勒出安妮的命案現場，四個嫌疑犯各懷鬼胎的站在臥室的角落看著，偉能幾筆間傳神的表達是誰殺了名模安妮。

當天下午我看著范可欽談笑風生，對著Yahoo!奇摩的行銷總監Joann和搜尋事業總監Anita Huang提案，嚴僅的邏輯，生動的引經劇典，媲美百老匯的舞台秀，故意繞了一些圈子，然後提出是誰偷了喜多郎的指揮棒。范可欽：「你們都知道喜多郎是誰嗎？」大夥紛紛點頭表示說他已經要到國父紀念館演出，范可欽用著很邪惡神秘的口吻說：「如果我們把喜多郎的仙女棒偷走，不知道會怎樣，應該會引起很多的討論和注意吧？！」當范可欽簡單提完喜多郎的故事後，可以看見Yahoo!奇摩的一夥人好像坐在國家劇院看完一場精彩的即興演出，露出一臉幸福的表情，但我清楚的看到，當范可欽詢問現在年輕人電視最關心的人是誰時，Yahoo!奇摩一夥人馬上說是林志玲，當范可欽把是誰殺了名模小伶故事腳本拿出來時，我看到Joann的眼睛散發出彩色的光芒。Anita Huang拍手叫好，范可欽環顧他們，很自信的說：「這場謀殺案，就像這個廣告案完美無缺！」。我心想，第一次提案就能曾在寶僑出身的Joann手下過關，眞是太棒了，因爲以我所知道的寶僑，永遠都是這個方向不錯，我們請廣告公司往這個方向繼續發展，提案來來回回沒有四、五次絕對不能成局，當我陶醉在我的大作時，這時Joann卻突然冒了一句：「小伶不能死，我突然感到天旋地轉，我昨天剛從殺人的十八層地獄爬回來，現在馬上又跌了回去，心想

小伶不能死，那豈不是要我死，我明明狠狠的把小伶推進鬼門關了，但Joann的一句話，卻把她救回來，我嘆了一口氣，客戶才是眞正上帝。

Joann：「Jerry，記得采研洗髮精那支廣告嗎？」
難怪孔子說：「生、死之大事」，對客戶來說也是如此，我們做廣告對死也有許多忌諱，客戶相信商品不能在黃昏下拍，商品不能倒下，商品不能走下坡，Joann不要小伶死，范可欽和我只好用人工呼吸，用電擊，無所不用其極，盡力救回小伶，値得欣慰的是她們接受了我們這種操作方式，Jerry當場決定把小伶改爲懷孕，是誰搞大名模小伶的肚子，Joann笑而不語。

Anita Huang說：「以這個故事的發生，我比較擔心玩家不到兩天就把所有的答案找出來了，那這個遊戲失敗的可能性就很大。」

范可欽：「我們提了幾個故事可以一個禮拜一週，只要拍小伶的廣告影片，在網路上引起活動熱潮後，其他的故事只要繼續在網路上進行就好了，我們Tommy可以來寫這些故事。」

Joann：「我想下個星期請知世網路一起進來，討論如何在網路上把活動更落實的成形。還有故事的部分也請匚合再做一些調整⋯⋯」

提案結束隔天，范可欽因爲客戶關係飛往上海，臨走前不斷對我耳提面命，記得是「誰殺了名模」改成「誰搞大安妮的肚子」，還要偉能盯著我，聽起來好像只是腳本的小修正，其實完全不是這樣，可以說是完全重提，因爲我並須搞清楚許多女人懷孕的知識，包括危險期，害喜，懷孕什麼東西能吃，什麼東西不能吃，絨毛模，DNA檢查，我現在甚至可以告訴你，誰是台灣DNA血親檢查的權威，那一個星期我天天蹲在敦南的誠品看嬰兒與母親，吸引許多女生以爲我是個好父親。又經歷一個星期的陣痛終於把是誰殺了名模小伶，改成是誰「搞」大小「林」的肚子。

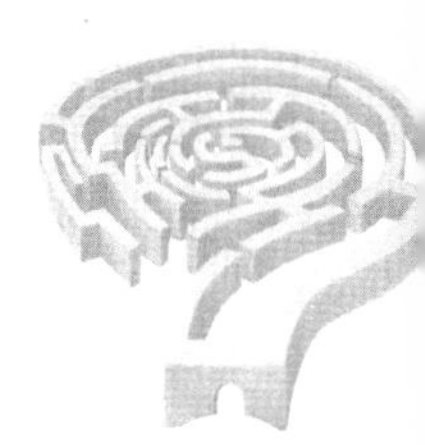

是誰搞大名模小林的肚子?!

第一名模小林昨天下午和經紀人一塊進入台大婦產科，狗仔隊踢爆8月7號小林家中垃圾桶發現呈現懷孕現象的驗孕紙，有目擊者指出在七月底，曾見過小林男友，傳出共處一室日本男模、小林經紀人、傳聞包養她的富商，都曾出現在小林香閨，媒體詢問誰是小林孩子的父親，小林沒有正面回應，只說「不知道」。他們四個人：日本男模、傳聞包養她的富商、男友、經紀人，都說小林的肚子不是他們搞大的。但小林後援會搜集小林和四個人的交往紀錄後，很肯定他們四個人之一，就是搞大小林肚子的人。

日本男模：「7月28號，我從東京搭乘日空到台灣，下午5:00小林到中正機場接我，小林說他有事要回家拿東西，晚上8點，我們在遠東飯店天幕餐廳用餐，那天我們用完主廚推薦的名菜後，小林陪我到通化街，我買了第093062期的大樂透，小林送我回到下榻飯店，逗留約15分鐘後就離開，隔天早上8:55小林帶我搭乘火車前往宜蘭參觀童玩節。我在8月1號早上就回日本，我很欣賞小林，如果小林肚子是我搞大的，我一定會娶他。」

富商：「我和小林父母親是好友，7月27號有目擊者看見我們一起出現在北美館，小林在加拿大念藝術行政，當天我邀她出席馬諦思與畢卡索教育展，晚上我們一塊到城市舞台看貓劇，隨後我們去Pub喝了一小杯，有人看見小林靠在我肩上是假的，我送小林回家，進去她家是和她母親聊「水噹噹」的事，我待了一個多鐘頭，我曾施行結紮，剛重新接回，所以我不可能把小林的肚子搞大。」

小林的男友：「被網友目擊那天是8月1號，是他們看錯了，當天我陪小林在他家附近藥房買的不是驗孕紙，是請藥劑師開Prozac給她，我們又買了Xirenical，當天她心情不好，我曾和她發生爭吵，後來我就送她回家，我在她家待了兩個小時吧，安撫他，如果小林肚子是我搞大，我一定會承認，跟她求婚。」

經紀人：「昨天9月1號，我陪小林去婦產科是因為小林

要做每年的子宮防癌檢查，我和小林共事很久，7月10號被狗仔隊拍到逗留小林家一個晚上，是爲了7月15號後，我要出國幫小林在大陸事業鋪路，還有小林她的體脂肪一直在國際標準值內。身爲他的經紀人，我絕對不會搞大小林肚子，爲了表示我的清白歡迎做DNA比對！」

現在請你上Yahoo!奇摩搜尋根據以下線索，找出他們四個人當中，是誰說謊，做了不承認，把小林的肚子搞大：

1.一般市售驗孕紙驗出懷孕時的顏色是：（1）綠色；（2）粉紅色；（3）白色；（4）水藍色。
2.一般市售驗孕紙，驗孕準確時間最高，是在受孕後第幾天到第幾天：（1）1-7；（2）7-14；（3）14-21；（4）21-28。
3.能改善孕婦害喜現象的是維他命：（1）A12；（2）B12 ；（3）A6；（4）B6。
4.一般醫院抽血檢查懷孕採用β-HCG，請問β-HCG值多少以上算懷孕：（1）10；（2）20；（3）30；（4）40。
5.8/1日本男模搭乘日空航空EL2107從東京到台北的

抵達時間是：（1）19:45；（2）18:45；（3）17:45；（4）16:45。

6.以下哪一道菜不是天幕餐廳主廚推薦的主菜：（1）挪威燻鮭魚；（2）蕃茄起士；（3）酸拌什錦菇；（4）肋眼牛排。

7.台鐵火車早上8:55分從台北前往宜蘭是什麼車種：（1）自強號；（2）莒光號；（3）復興號；（4）電聯車。

8.下列哪一個號碼不是 093062期大樂透的中獎號碼：（1）13；（2）14；（3）21；（4）31。

9.北美館所展出的馬蒂思與畢卡索教育展是由哪家公司贊助：（1）台積電；（2）聯電；（3）廣達；（4）長榮。

10.畢卡索最貴的一幅畫是：（1）圖A；（2）圖B；（3）圖C；（4）圖D。

11.以下哪張畫是馬蒂斯的作品：（1）圖A；（2）圖B；（3）圖C；（4）圖D。

12.《貓》劇演出在紐約百老匯一共長達幾年：（1）15年；（2）17年；（3）18年；（4）19年。

13.《貓》劇是改編自哪位英國文壇詩人的13首貓咪童詩而成：（1）T.S ELIOT；（2）Chaucer；（3）Duncan Forbes；（4）Trevor Nunn。

14.Prozac藥丸俗稱什麼：（1）快樂丸；（2）百憂解；（3）讓你酷；（4）威爾柔。

15.Xirenical是什麼藥物：（1）感冒藥；（2）胃藥；（3）減肥藥；（4）止痛藥。

16.體脂肪多少內是國際認定的非肥胖：（1）>20；（2）>25；（3）>30；（4）40。

17.男性實行結紮手術輸精率是幾成：（1）50；（2）60；（3）70；（4）80。

解答

經紀人你說謊，據網友可靠消息，9月1日小林去婦產科做的卻實是驗血、驗孕，並不是什麼子宮頸抹片撿查，但搞大名模小林肚子的確實不是你，根據網友發現小林驗孕紙呈粉紅線推斷小林受孕時間應該是7月24日到8月1日之間，這段時間你並不在台灣，爲了小林的演藝事業，所以你公然說謊！

富商雖然在7月28日邀小林去北美館看貓劇，也有人看到他們舉止親密，那晚送小林回家後，她母親證明富商是和她聊水噹噹後援會的事，但富商在三年前曾經做過結紮手術，最近接通後，並無法立即擁有生育能力，所以讓小林懷孕的絕對不是富商——你！

小林男友，因為你的好友F3不甘你戴綠帽，吐露實情，雖然當天你在小林家待兩個小時但你一直和他們通電話，並抱怨小林劈腿和日本男模出遊，所以拉她進藥房買了驗孕紙，確定是否懷孕，雖然你希望小林肚子裡的孩子是你的，但它並不是。

男模，你說謊，把小林肚子搞大不敢承認的男人就是你，你7月28日到台灣，小林下午5：00到機場接你，有目擊者看見妳和小林在機場舉止親暱，舔耳、擁抱，香吻，你們在5：45分離開機場，在6：45分左右回到小林信義區家中，小林鄰居表示看到你進入她家，直到7：40分離開，離開時你換了衣服，胸前留有草莓痕，所以把小林肚子搞大的人就是你——日本男模 ！

逃離房間的完美變形

星期二早上，匚合會議室除了Yahoo!奇摩搜尋準備聽偉能提案是誰搞大名模小林的肚子，同時還浩浩蕩蕩的來了一群人，他們是知世網路，包括知世網路創意總監Peter，業務總監Alvin Huang等人加入，我們只有一個目的，接下來該怎麼把小林的肚子搞的更大。

Joann看完腳本，眼神中有種你這個臭男人根本不懂女人的眼神，當場提出是誰搞大名模小林的肚子裡，有太多令女生看了不順眼的字眼和影射，當場我又再次傻眼，Joann提出包括「搞」字，「臭男人」，留有「精液的保險套」等，雖然在場第一次參與會議知世網路創意總監的中年男子Peter看了頻頻叫好，但我們仍難逃Joann的指正，至少這場會議的結果對我有個好處，爲了讓故事更精彩，決定找著名的推理小說家執筆，相對也能創造話題性，增大廣告的效益，而張大春，張系國或一些著名推理小說家，都有可能成爲可能執筆的人選，原本我想自己來，相信給我時間也能寫出完美的故事情節，但聽見這些名家後，我舉雙手投降，決定工作到此，知世還說要把故事改成四星期，我暗爽死了，不必寫了，否則這四星期要再寫多少個字啊！還要我犧牲多少夜夜笙歌的日子，這段時間我和偉能又完成了名模小林戴著帽子、眼鏡在婦產科前被狗仔隊拍攝的腳本，Joann看完後笑著說，有沒有可能讓名模小林不要畏畏縮縮的出現，我們當場提出考慮說：「爲了讓故事看起來是眞的，帶有神秘感，引起大家的好奇，我們這群男人建議小林低調點、神秘點，後來我們才知道Yahoo!奇摩這些新時代女生心裡根本不是這樣想，她們覺對是姐姐妹妹站起來！」

五天後范可欽、偉能、純正和我來到Yahoo!奇摩，這次是由知世網路提出的網路遊戲的想法，他們提出偵探筆記本的概念，讓每個玩家輸入帳號後都有一個偵探的名字，他每完成一個問題，在筆紀本裏就會出現一部分的故事敘述，如果沒找到某一題關鍵線索，那個問題就留下空白，如你找到所有的線索，完成所有的題目，他們就能了解故事的發展，最後Peugeot307抽汽車這個大獎，我看著Peter提案，我想他也是老江湖，運用人性的求知慾與好奇，要把人緊緊的吸引在Yahoo!奇摩搜尋上，范可欽和Joann頻頻點頭，這是逃離房間的完美變形，又說可不可能建立討論區，讓他們有更多的互動，這也就是Peter曾說的「非正式虛擬搜尋平台」，因爲這樣互動會更有趣，知世網路當下也首肯。

在網路這個隱姓埋名的世界裡，你可以說它是個自

由的世界，也可以說它是個沒有法律的世界，充滿了漫罵、批評與黑函，但所有的事都有他的一體兩面，今天只要你的東西好玩、不賴，明天連就會非洲都會知道。Joann尤其謹慎的說：「操作這個案子，我們要更小心，千萬不能引起任何爭論。」

上帝星期五……休假！

范可欽不曉得是我的貴人還是存心害我的人，三個禮拜後，因為范可欽的一句話這個故事又回到我手上……

星期五連上帝都放假，沒聽見我的禱告。等了三個星期後，范可欽，偉能和我又出現在Yahoo!奇摩位在羅斯福路上的會議室，我心想，推理小說家的故事範本在千呼萬喚中應該熱騰騰的出爐了吧！知世的Peter說時間迫在眉結，有一個好消息，一個壞消息要告訴我們，問我們要聽哪一個？我心想賣什麼關子，心裡一派得意輕鬆，有的人說要先聽壞消息，有的說先聽好消息。

「推理作家為我們提供了一個完美的結局，讓小伶懷孕的男人就是偵探自己。」Peter說。

「這個結局很棒 ！」范可欽嘴角揚起了微笑……

「但推理作家因為本身工作、會議忙碌，沒辦法在時間內完成。」Peter又說。

我咒罵著，心裡有種不安的預感⋯⋯

「沒關係，那再找人。」范可欽聽了一派悠閒的說。做了十幾年的廣告這種事，他看多了，對他來說天下沒有解決不了的事，沒有辦不到的事，跟了他快兩年，我常想這人不是過於樂觀天真，就是意志力驚人。

「這案子一定要在十一月四號準時上線。」品品強調。

「看來只有我們自己來。」Joann說。

我禁若寒蟬的抬頭環顧參與會議的人，在場只有兩個文案，我跟知世網路的漂亮妹妹，我趕緊低頭對上帝禱告：「這差事千萬別回到我頭上，這差事千萬別回到我頭上， 阿門！」

Joann盯著我然後轉頭看了知世網路的文案說：「那Tommy和她一起寫吧，我們這裡會議室可以借你們，你們也可以喝喝咖啡聊聊天。」

我轉頭盯了一下知識的美眉，長的還眞甜美，但腦子一轉，色字頭上一把刀，陷入兩面抉擇的同時，我的老闆范可欽（我的另一個上帝）說話了：「我們Tommy寫！」這一刻我好像被丟進冷水裡，全身發抖，我的日本妹，我的周末墾丁之旅，我的幸福⋯⋯這刻我終於相信西方諺語，上帝星期五休假，那時我的臉色一定很難看，我強打起精神，抬起頭看著右邊的范可

欽，我的腦子裡遠遠傳來他的說話聲：「Tommy要在這行混，一定會寫出來。」范可欽轉頭看著我，我勉強擠出一絲笑臉很帥的說：「你都說了！我來寫！」人在江湖，身不由己，是我那一刻最佳心情的寫照，接下來會議范可欽和Peter討論什麼四星期的活動，討論區，是不是要有偵探辦案的名字，我一句話也沒聽進去，還有網頁活動爲什麼分四週，第一週爲什麼收到牛皮紙袋，什麼記者會，我心裡想著的是小伶，我和她盡然孽緣未盡啊，我和范可欽要讓她死，她還陰魂不散，以爲已經揮一揮衣袖，從此我走我的陽關道，但想不到山水相逢，小伶繞了一圈又回到我的手中，我看我後面的日子難過了。

「因爲時間緊急，我們要能在下星期二看見故事！」品品用一種很堅定的眼神看著我……而我，有一種強烈死定的感覺！然而上帝祂，還在休假……

會議結束，范可欽和Joann再做一些細節討論，我望著窗外，這裡有十二層高，馬路上的人像螞蟻，如果跳下去肯定會肝腦塗地！想想我做廣告五年，每次想創意那種完了，這次不行了，再也想不出來了的感覺也常有，但這次感受最強烈，我閉上眼睛，眞想從十二樓一躍而下，逃走算了，好幾次我睜開眼睛，後來卻發現自己已經在飛……面對這次時間的緊迫，我眞的能死裡逃生嗎？

「Tommy，下樓抽煙……」，身後傳來偉能叫我的聲音，把我從高空中喚回來！我和偉能一起搭進電梯，回到地面上，踏實的感覺眞好，看著剛剛探頭的窗口眞高啊，我邊抽煙邊踢著石頭，想著，看來只能往前走了。

范可欽下樓後，對著大夥說：「今天晚上要加班啦！」，Ann很興奮的說：「那我們要買酒喝！」 范可欽又說：「經過信義路買些南京板鴨吧！」做廣告這行有喝有玩，但也註定常常沒日沒夜。我心想四週的推理故事，一百個破案線索，角色至少有名模小伶、日本男模、富商、經紀人、婦產科醫生共五個角色，這看起來是一個龐大的故事，故事要精彩才能讓人想一直查下去，雖然我在這行拿過幾個小獎，但下星期二，如此緊迫的時間，我不自覺的倒抽口涼氣，我沒有把握能寫出來。我的腦子一片空白。

會議室桌上滿擺滿豐盛的南京板鴨，牛筋 、牛肚、但我一點胃口也沒有，范可欽熱情的招呼：「Tommy快吃！」但我卻食之無味，因爲只要我一吃了南京板鴨，一定要吐些想法出來，在這一行你可能可以騙吃騙喝，但絕對是沒有白吃白喝這種事，我的心裡實在慌的很，但我還的搞笑說：「這不是肯德雞，這不是肯德

雞！」Ann拿著酒杯，到處敬酒，什麼「老闆，我愛你！」，「Tommy，你好棒！」，會議還沒開始她已經醉茫茫。

我在白板前試著整理故事的情節，當晚范可欽可能酒喝多了，要不然就是瓊瑤，三毛或台灣龍捲風編劇鄭文華附身，看著白板突然說：「如果孩子是偵探的，那名模必須和偵探有關係，但偵探也不能完全置身事外……」，范可欽沉思了一下「借精生子……」大家覺得莫名其妙同時，范可欽又說這是個女性的復仇故事，小伶的經紀人和小伶是小時的玩伴，但小伶的經紀人一直想當男生，所以變性，因爲被富商騙了感情，富商是雙性戀，小伶知道後想要爲經紀人報仇，就調查富商的背景，發現富商有個窮途潦倒的偵探弟弟，就透過他哥哥高中的同班同學，愛慕她的婦產科醫生發佈精子銀行的E-mail，讓偵探爲了錢賣出精子，再由婦產科醫生欺騙富商，說他懷了富商的孩子，婦產科醫生爲了要讓整個復仇事件毫無破綻，還找來他留日的同性友人日本男模……范可欽劈里啪啦一直講，大家一方面訝異，三言兩語添油加醋，我一下子就把白板塡滿，故事彷彿已經躍然於紙上。

我心想我這個老闆就算不做廣告，去寫劇本許多人都會沒飯吃，看看錶已經十一點多，大家醉的也差不多了，紛紛一哄而散，接下來又是文案出場了，喝多了酒的我，腦子像在卡車上的酒杯，不斷的搖晃，我硬撐的想了一下故事的結構，隱隱約約覺得故事很有趣、也有很多破綻，但范可欽的出手相救，已經讓我多了幾分信心。當天凌晨，我帶著蹣頇的腳步又走進誠品，書架在我前面晃啊晃，要讓故事成立，名模在記者會上說這首詩是一切決定性的關鍵，我又買了《莎士比亞全集》、《基杜山恩仇記》、《古都繁華》、《陰陽師》、《三劍客》等，離開誠品已經凌晨三點多，還有七十二小時，我點起煙，心想我能寫出這個故事嗎？借精生子、女性復仇、同性戀、變性人、戀童癖，這個世界黑暗的完全超乎我的想像。

故事會寫成怎樣，我更無法想像，只有下筆了才知道，星期六，一整天，我坐在電腦前充分的利用Yahoo!奇摩搜尋找出故事可以成立的線索，我想加入《達文西密碼》最紅的五芒星，我想查班機時間、火車時間，旅遊資訊，用藥疾病資訊，還有一些冷癖的同志資訊，我也在網站查了一些變性人的手術資訊，一切都太不可思議，我帶著偷窺的心理一路往下看，心中不斷的驚乎怎麼會這樣，但又覺得很有趣，如果你想知道我的驚訝，你眞的只要在Yahoo!奇摩搜尋輸入關鍵字就可以。你眞的會發現搜尋已經改變了人類知識的來源、速度，我心

想要把Yahoo!奇摩搜尋的每一個功能帶進去，讓大家知道Yahoo!奇摩搜尋眞的很屌，什麼東西都找得到，這才是這個廣告眞正的精神，而被我們家Art Kris稱爲台灣龍捲風進階版的黑旋風故事，我清楚的知道它的橋段只是吸引人的包裝，引起討論的誘耳，目的只是爲了讓受聽眾使用Yahoo!奇摩搜尋的手段。我想Google會有一陣子搜尋的人大減，因爲他們會黏在Yahoo!奇摩搜尋上，一切只爲了找出這個精采故事的眞相。聽完范可欽講這個故事時，其實我的內心是十分亢奮的，因爲這是我從來沒有寫過的東西，我更相信沒多少廣告公司敢提，就算下面的小朋友有這種想法，也會被創意總監說開什麼玩笑？！但在匚合廣告，這一切，今天終於印證眞的可能，如果你能語不驚人死不休，范可欽、張偉能，還有業務端的副總林純正都不會攔著你，他們更不會事先預設框架，客戶要什麼，也許就是這樣讓我們在後面的提案吃足苦頭，也許也是這樣一個月後我們才能和Yahoo!奇摩搜尋一起創造出如此成功的案子。

作爲一個文案，我習慣在安靜夜裡工作，利用各種音樂表現出文字的情緒，我在架子上拿起了貝多芬的命運交響曲，我想像著經紀人的心情，當晚我聽到經紀人被富商欺騙後內心那一股巨大的悲哀，我抽著菸，行雲流水的一路寫下去，小伶在記者會上的詩，就像莎士比亞的利劍揮舞著，狠狠地逼著我喘不過氣來，身為富商的我，在黑夜中為自己所犯過的惡行侵害經紀人而懊悔不已，稍晚我的記憶又回到幾年前的東京御茶水車站前，我成了婦產科醫生拿著從「京都晴明神社」買來的五芒星戒指和男模羽賀情意綣綣的互訂終生，（五芒星因為《達文西密碼》一書爆紅，其實我喜歡的陰陽師安培晴明也有五芒星，五芒星自古以來就十分神秘，我在Yahoo!奇摩搜尋中發現它超過25,000筆資料，五芒星除了是猶太儀的神秘符號、也是埃及所羅門王的戒指，它象徵著權力，我還找到各種關於五芒星的鄉野怪談十分有趣）我決定在沒有經過范可欽決定後，自己加入這段故事，因為能吸引我的，我相信也能吸引別人，相信使用者體會到搜尋的快樂，好不容易文章告了一段落，我喝了杯星巴克咖啡，點了根Marlboro Lights，無意的看見鏡中的自己，我到底是誰，是經紀人、富商、婦產科醫生，還是偵探，我摸著自己的鼻子、嘴巴——我是一個用文字演戲的戲子。

台北孽子版的提案

「鈴——鈴——鈴！」星期一早上，我趴在電腦前，終於大功告成。心想紅顏禍水這句話眞是有理，小倩害我連續兩晚都睡不好，我看著自己寫的腳本，心裡

不覺發毛，這眞是個恐怖與人性醜陋的故事，女人的復仇竟是如此可怕啊，心中浮起《倚天屠龍記》，殷素素在武當山自刎前對張無忌說：「越漂亮的女人，越不能信！」上網看見這個故事應該可供天下男子借鏡，也算我和范可欽施主功德無量，我反覆看著這腳本，不曉得爲什麼我有種強大與莫名的不安。帶著熊貓眼進了公司，范可欽已經在他的辦公室裡看著新聞，等著我熱騰騰出爐的稿子，我手顫抖著拿著稿子敲了門，我很怕他，眞的很怕他，心想，千萬別有大修正，否則我和這女人的日子會沒完沒了。想想我四年前剛進這行，我不平則鳴，但眼前這個人，他文案寫的眞的好，乾淨俐落，提案像場秀，腦筋又快，臨場反應又好，很難搪塞他。

「老闆！寫好了？」我說……他邊看邊抬頭看著我，一副欲言又止的表情，我心中那股莫名的不安越釀越大，想不到范可欽一句話都沒說，把稿子交給我，我迅速抽回稿子，問了范可欽說，會不會太過火，他拍了拍我肩膀說，要提案了，先這樣，有些細部內容我們要確認一下，比如肚子裡的孩子，如何能檢驗出是誰的孩子，RH陰性的母親生出同爲RH陰性的孩子機會有多少？我馬上說了我在網站上看到什麼DNA、羊膜穿刺、絨毛模檢測還有一些相關資料，爲了更準確范可欽馬上拿起電話撥給他的婦產科醫生朋友查明這件事，我聽著覺得無聊，便先行離開房間。

我的不安沒有減少，但過了范可欽至少提案可以過了百分之八十，我謝謝老闆飛快的準備逃離房間，他嚷著說：「我們要幫這幾個人取個名字，方便消費者討論兇手是誰，和名模小伶的四個角色有了名字，變性人的經紀人叫做新強，日本男模叫羽賀一郎……」我心想終於能告別這難纏的小伶。

「Tommy，我們對你的性向十分好奇！」品品看完腳本神色憂慮的問。

「如果眞的不行，我們寧願把整個行程延後，先上Yahoo!奇摩知識+！Anita Huang看著我辛苦兩天寫出來的腳本插了一句話說。

「這個社會風氣已經很亂了！最後一段戀童癖的故事讓我覺得不知如何是好？」Joann憂心的說 ……

「還有一個完美故事應該有合理的結局，而不是故事情節無法順利推展，就把一切推給外星人。」Joann擔心的繼續說下去……

「透過裴總編這個角色雖然有穿針引線的功能，但太狗仔了，Yahoo!奇摩身爲一個媒體，不希望鼓勵狗仔文化。」會議室的氣氛降到冰點。

我從眼角的餘光，瞄了她一眼，她的眼神充滿著失

望，之前每次聽見我們提案的興奮表情不見了，我羞愧的低下頭，面對排山倒海的責難不知如何是好，我不知道我老闆范可欽怎麼想？

「這故事看起來像台北孽子版！」Anita Huang又說。我吸了一口氣，橫也一刀，豎也一刀，何不從容就義，抬起胸膛，死的像個男子漢。

「這故事看起來夠精采夠麻辣，這是網站使用人口的生活風格，而且完全滿足人家對眞相的好奇！」我努力的想讓客戶改變想法。

「 這個故事要夠辣才能吸引我們年輕人。」 沉默的Ann突然說話了。

「不行！我不能讓這個故事上」Joann斬釘截鐵的說，一向能言善道的范可欽：

「能改的就改！但你不可能要在短時間內創造一個完美的故事！如果你要求的是一個完美的故事，我們應該找出版社，談一本精采的推理小說。」

「我知道大家都期待能創造出繼《達文西密碼》後那股推理旋風，我相信給Tommy多一點時間，他也能寫出來，但時間不多了……」我感激回頭看著Ann心想對於平常她的策略單沒重點，搞不清楚狀況，我決定一笑泯恩仇。

「我覺得Tommy不可能寫出來的！」范可欽又說，

我狐疑的轉頭過去看著他，心想：「X的！身爲老闆他怎麼能說出這種話，在五年的經歷，我見過不少斷尾求生、出賣屬下求生的老闆、上司，我一直以爲范可欽很有酷勢，跟了他一年多至少覺得這樣！」我抬頭冷冷看著他，他這句話讓我冷到骨子裡。

「如果Tommy寫的出來，他就不需要在這行混。」范可欽又開了金口！我那時陷入又不服氣又沒辦法的心情，我寫不出來，那你創意才子范可欽寫的出來，你來寫啊！但仔細一想，這也不無道理，如果我寫的出來，我就寫一本《湯米的密碼》狠狠的大撈一筆，還用的著在這裡讓大家幫我改作文，原來我誤會他了，他在幫我解套。

「第一週應該沒什麼問題，加上時間緊迫，要讓知世開始設計遊戲內容了！所以第一週就不要動了。」品品試著爲緊繃的場合打圓場。

「那小伶和男模在房間發出的嬌喘聲把它拿掉！」Joann又說，四週的人同時抬頭望向我，「天啊！他們以爲我寫的是色情小說。」從他們的眼神我感受的大家的有色眼光。

「我覺的小伶好像把裙子撩起來了一樣。」看得出Joann爲了緩和冰冷的氣氛說。范可欽嘴角露出十分無奈的笑容。

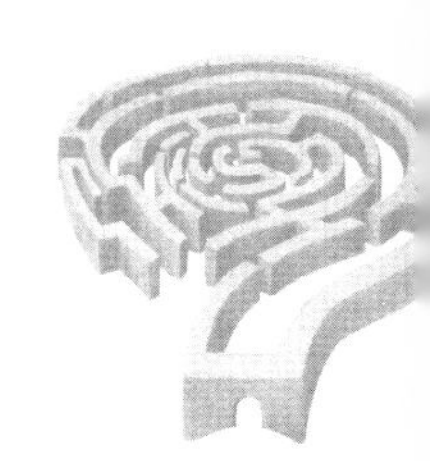

「我會把小伶的裙子拉下來，讓她有大家閨秀的樣子。」我故做輕鬆的樣子、范可欽也應和著我。

「貴公司有沒有其它的文案」Joann冷冷的說！

這句話代表我即將消失在Yahoo!奇摩以後的提案，客戶對我的東西很有意見。

「做什麼？」范可欽冷冷的回了三個字……

「我覺的這東西對女生不太好，太男性角度，從女性主義的觀點來說，女性完全在一個被害者的角度，加上Tommy是男生，可能會忽略這些東西，而且你們兩個太body body可能沒跳出來看！」Joann一貫冷靜有條不紊的說著。

傲人創意卻攤手妥協

「女性主義，我大學上過張曼娟的課，我桌上還擺了西蒙波娃的《第二性》，我最欣賞的女性學者是張小虹，我還不夠女性主義嗎？」我心裡嘀咕著。

「我們會做應該的修正，你不鼓勵狗仔文化，我們就把裴總編拿掉，但偵探要能不斷的收到線索才能讓故事繼續下去。」

「是！但也不能為了讓故事進行下去，就把它切丟給外星人。」Joann笑著說。

「下星期一你會看到我們的修正，重寫是不可能，但拿掉一些東西，補上一些東西是沒問題！」范可欽分析的說。

我傻傻的坐在位置上，心中充滿前所未有的沮喪，下個星期一要交，客戶不想要我寫，我轉頭看了范可欽，我的命運會是如何？會議就在冰點中結束。

「老闆，怎麼辦，Joann不要我寫！」進電梯前我擔心的問范可欽……

范可欽一句話都沒說。

「女性主義是什麼，我真的不懂？」范可欽上車前一臉疑惑的說。

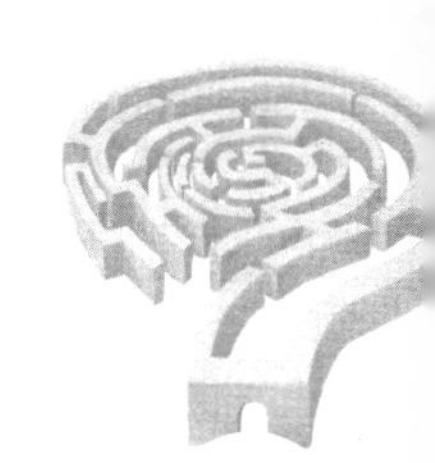

范可欽向我要了一根Marlboro煙，很用力的吸了一口。我看著范可欽，一直覺得我這老闆是很情緒化的人，但在我跟他的近七百個日子，他從來沒有對客戶惡言相向，只是不斷的在解決問題，解決我製造出的問題，客戶發生的問題。

「利用這週末好好的想想吧！我不上車了！」范可欽一個人轉頭往羅斯福路方向離開，沒入黑暗之中。

廣告有時後更像政黨協商的行業，就算你的創意多麼傲人，有時後也難免逼得妥協，就算是廣告教父——孫大偉、廣告才子——范可欽、廣告女王——許舜英、這些人也會有英雄氣短的時後，提案提個兩、三次，更何況像我們這種無名小輩，提案過程更是曲折離奇，能讓我在三次內提案過關的人，我一律稱爲恩客，Yahoo!奇摩算得上屬於是恩客那一型，但這次的恩客翻臉，這事可不得了，將來恩斷義絕，你走你的獨木橋，我過我的陽關道，再也很難破鏡重圓，以我一個薪水微薄的文案，一個腳本就把百萬恩客嚇跑，在這行怎麼抬起頭來做人。我坐在東區的星巴克外，重新從包包裡掏出這兩天不眠不休完成的腳本，點了煙，用力的吸一口，嘆氣的往下看……

是誰弄大名模小伶的肚子（台北孽子版）

這一年，名模小伶爆紅，成爲媒體目光焦點，全世界的東方美人，狗仔隊24小時跟監、好萊塢要找她拍片，歐州時尚大師TOM Ford要找她走秀，一夕間小伶成爲全亞州男生最想娶的老婆、一夜情對象，全台陷入名模小伶瘋潮……

2004 年8月7號

我回到偵探社，看見一堆帳單，不得拉下臉撥電話給二十年沒見面的哥哥。

那頭傳來陰沉嗓音：「喂。」「哥，偵探社手頭有點緊，借點錢給我……」對方嘲笑的口氣：「我不承認你這弟弟！」然後狠狠掛下電話。

這時戴著帽子，太陽眼鏡，全身裹得緊緊仍無法隱藏美麗曲線的女子走進來，看著眼前女子，我愣一下，離開去洗手間，回來把東西交給她，她把東西放入包

包，開給我500萬的支票。這簡直是天上掉下來的禮物，偵探社難關一夕間全解決了。看著那女子翩然轉身離開，她簡直是我的聖誕老公公……

3個月後……11月4號

昨夜小伶進入婦產科，媒體驚爆小伶未婚懷孕，四名男人涉有重嫌：日本男模羽賀一郎、婦產科醫師張鐵男，富商林雙全、小伶的經紀人陳新強，到底誰是孬種，敢做不敢當，全民都成了大偵探，都在猜誰是讓小伶懷孕的臭男人？

我回到事務所，門縫塞個滿滿牛皮紙袋，我隨手丟在桌上，這時電話響起！

裴總編：「林老弟，是我，看過牛皮紙袋了嗎？大獨家，小伶未婚懷孕，現在大家在挖，是誰讓小伶懷孕的人，我熱血澎湃，我要你把這臭男人給揪出來！」
我：「你手下一大批Paparozzi，不夠嗎？」
裴總編：「他們沒腦子，你才有。」「看完資料跟我聯絡……」

是誰讓名模小伶懷孕，考驗你的腦力與智力，大偵探只有一個，搜尋過程充滿你意想不到的結果，小心自己掉入層層陷阱之中……

看著桌上7月20號到11月4號前，小伶被狗仔跟監消息，「名模小伶跨日劈腿」，「富商林雙全願意爲小伶放下一切」，「小伶夜訪知名婦產科醫師鐵男」，聳動的標題，我試著從一堆資料中理出頭緒，但越看越陷入迷霧中：

『名模小伶跨日劈腿』狗仔隊A跟拍筆記

7月28號小伶將赴日參加小野塚秋良的3P發表會。7月25號下午三點，小伶神秘出現日本成田機場，前往新宿，進入凱悅飯店，我在後頭跟拍，發現小伶和日本男模羽賀見面，兩人舔耳、舌吻，進入房間內，兩人在房內待了15分鐘，小伶穿LIMI feu運動裝出門，來到高島屋河豚老鋪用餐，隨後轉往新進Roppongi Hills看夜景，至凌晨。男模羽賀鬼祟轉進便利商店買了保險套塞進口袋，兩人過了一夜。

7月26號早上，羽賀先行離開，小伶離開飯店前往池袋轉車至迪士尼，我偷溜進小伶房間，拿走使用過的衛生紙，保險套、車票，7月27號早上小伶來到表?道，買下日本設計師和LV合作的包包，中午回到澀谷八公狗等男模，半小時後羽賀帶著她從新宿前往箱根泡湯，進入小涌園溫泉渡假村，我看小伶走進石鹽泉，當

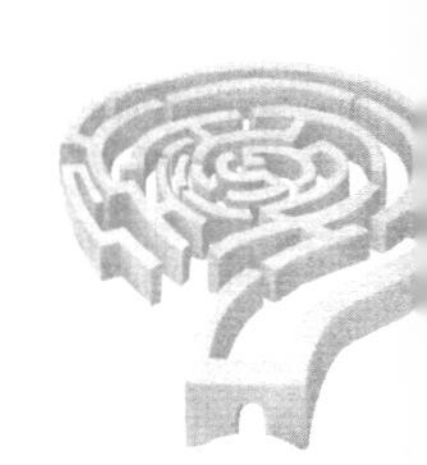

晚再度跟一起過夜，我靠在牆邊彷彿聽見小伶嬌喘聲，分別前小伶依依不捨握著羽賀的手，擁抱，我忍不住拍下男模手上造型十分奇特五芒星戒指，男模羽賀搭上巴士直奔成田機場，前往雅典。幾天來，我在小伶離開後，不斷闖入她房間，拿走JR車卷、溫泉卷……爲線索，我一直跟到7月28號，小伶參加3P派對回到台灣。

狗仔隊B跟拍錄音帶

小伶爆紅一年來，經紀人新強爲小伶打點一切，我全看在鏡頭裡，中國人說：「日久生情，雖然兩人出國做秀，總是住不同旅館，但越這樣，我覺得越有鬼，我始終跟著新強和小伶，終於那天來了，8月3號小伶和新強上南二高，往關西下台三線來到內灣的星海螢區，小伶還曾大喊，可惜不是螢火蟲季節，稍後兩人進入名叫旅人蕉的店，用過晚餐，稍晚住進內灣民宿。也是一人住一間，但半夜時，新強敲了小伶的門，走了進去，終於被我等到，隔天早晨，新強偷偷摸摸回到房間，稍晚新強開車送小伶回台北，我一路跟蹤，新強送小伶回台北參加香奈兒的派對，然後新強開車離開，前面有個男子環顧四週後上車，我拍下照片，心想無關就不再跟上。

我驚訝的看著照片，上新強車的那男人竟然是富商雙全！

「富商願意為小伶放下一切」狗仔隊C的跟拍筆記

8月4號小伶與富商在參加過北美館美術展後，兩人開車前往林森北路的薇閣旅館Check in進入602號房，兩小時後，一同離開。來到台北MOS玩樂，中間小伶不時躺在富商身上，隨後兩人回到富商家，8月5號下午兩人到永慶房屋信義店經店員介紹在影音宅速配上訂購了房屋編號128797的房子，房子買方人是小伶本名林螢螢，8月6號早上兩人一同搭乘前往廣島班機，出現在廣島紀念公園，富商神色肅穆，8月7號富商、小伶一同離日。下午小伶回到台灣家中，一小時候後，小伶一個人開著車往中山北路去，甩開了我。

「小伶夜訪婦產科醫生鐵男」狗仔隊D跟拍筆記

8月8號晚上8：00，小伶夜訪婦產科醫師，進入之後，婦產科拉下窗簾，被狗仔隊拍下，鐵男的手上竟然也類似是的五芒星！

我驚嚇地轉過頭，比對男模和鐵男手上的戒指，爲什麼他們戴的戒指一模一樣……我繼續看下去，小伶挽著鐵男的手一同出門，我跟上去，她們來到遠東天幕餐廳用了幾道主廚推薦的主菜，中間鐵男更特別點了生蠔，兩人笑嘻嘻，用完餐後，兩人還進入因女陰海報聞

名的卡內基餐廳，玩樂到半夜，才回到診所。我在對街一直盯著三樓上的鐵男和小伶，一個小時後，富商雙全鬼鬼祟祟來訪，鐵男開門後，留小伶一人在樓上，一個小時後，富商離開，小伶一直未走到隔天。之後我打電話給裴總編。

我：「老裴，婦產科醫生鐵男和男模羽賀手上的戒指是相同的五芒星，鐵男和富商雙全也有關係，查出小伶的生理期，將你家狗仔把羽賀從日本帶回來的保險套拿去檢測……」
老裴：「老弟，看來你大有進展！」

解開神秘的五芒星……
你將更接近那個讓小伶懷孕的臭男人
下集……神秘的五芒星之謎。

嗶—嗶—嗶，等了一星期（第二週），事務所傳眞機吐出五芒星，小伶和他們四個男人背景資料：

1.五芒星在古埃及被稱爲冥界子宮的符號；
2.希臘神話五芒星是大地女神的象徵；
3.巴比倫的七個印章中，第一個神聖的紋章是五芒星；

4.在日本五芒星是陰陽師安倍晴明的法力。

老裴手下給我一堆五芒星文獻，但中間無任何資料可尋媒體仍爲誰是讓小伶懷孕臭男人的事而爭吵不休；電視上舊畫面裡播著小伶像天使般陪著罕見疾病基金會的孩子一塊玩樂；我轉了頻道，眾媒體追逐小伶問孩子的父親是誰，帶著墨鏡小伶終於不耐煩吐出「L P」。

裴總編來電：「你說LP會不會是破案關鍵！」我冷笑：「搞不好是……」。

「我告訴你個大秘密，鐵男和男模羽賀是大學的死黨，但羽賀因不知名的原因輟學，而五芒星戒指是出自京都旁的晴明神社，我已經派人到京都查訪它們之間更詳盡的關係，還有小伶是A型，她之前對媒體透露她不想結婚，但希望有小孩，如果沒有好男人不排斥人工受孕，而富商和小伶交往後曾送過小伶『奧洛夫鑽石』求婚，而且曾多次一人找過鐵男，後來和小伶交往後，兩人也同時拜訪過鐵男。新強曾多次出現在全台各大夜店Mirage Bar，LUXY、獅子王等，我看著羽賀和鐵男手裏的五芒星，我相信只要解開兩人的關係我們就更接近一步了！」

老裴電話又響起……

「四年前，2000年9月兩位男子搭乘新幹線前往京都御所，遊覽了金閣寺，天下第一品嵐山觀光，中間兩

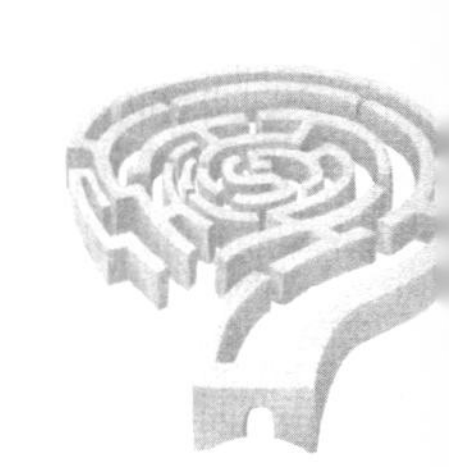

人手牽手，偶而還相互擁抱，在保守的京都，兩個人的所作所為引起很大的側目，最後兩人就前往晴明神社旁，一男子買了下兩枚五芒星戒指互訂終身，那兩個男人就是鐵男和羽賀，後來這件事傳回保守的醫科大學，羽賀家得知後，要羽賀休學，想不到至今兩個人仍帶著這枚戒指。」

所以五芒星是他們兩人的訂情之物。他們兩人是同性戀！

「老裴，同性戀但並不代表他們不是雙性戀，但至少證明他們兩個人關係良好。」

我想小伶懷孕的主要關係人就是婦產科醫師鐵男。我決定離開偵探所找到鐵男，我來到診所，門外一堆媒體守候，大門緊閉，我從側門閃進去，見到了鐵男。鐵男驚訝的嘴臉說：「真像！」

我伸手拍了他的肩膀撥了一下，快速拿起他的毛髮「你和男模羽賀的關係，我一清二楚，媒體說你們是讓小伶懷孕的疑犯，但我查過你們的關係，你們是同性戀，如果你不把你所知道小伶懷孕的事，和為什麼富商找過你、小伶也找過妳，說清楚，我將把你是玻璃公諸於世，讓你身敗名裂。」

我趁鐵男不注意將他的頭髮放進口袋。

鐵男神情不安的轉動手上五芒星戒指：「我和富商

認識在一場晚宴上他有問題請教我，後來他成爲我的好友和病人，關於病情我不便多說，小伶也是我的病人，她每年來做些子宮頸抹片撿查、乳癌防治！媒體報導小伶那晚到我家，我和他哥是好友，我們純粹敘舊。關於小伶懷孕的事是這樣，她曾自行驗孕，但驗孕結果雖然呈現白色，她仍然很擔心，所以找我檢查，我確定她有孩子是九月初，我不建議她生下孩子，因爲她患有三好氏肌肉萎縮症，小孩畸型可能很大，當我用超音波檢查，這情形發生時，我曾經開RU-486給她，但她並沒有用，這幾個月來，她有強烈的害喜現象，關於孩子的父親是誰，不會是我，你這大偵探自己去查。」

富商到底是什麼病，應該有蛛絲馬跡可尋，而鐵男說了多少眞話，我很懷疑，當下我便有了決定。十一月的台北有點冷，我在婦產科門口待到深夜兩點，看著媒體散去，我迅速從窗戶爬入，那出M3最小相機從一堆病歷中翻出富商雙全和小伶密密麻麻病歷拍下，在幾個角落裝上竊聽器，迅速離開，當我翻出窗戶一躍而下時我電話又響起。

老裴：「小伶生理期是6月24號和7月20號！」
老裴：「還有小伶即將召開記者會說明一切！」
我：「老裴，我這裡有婦產科醫師的頭髮，驗出他的血

型……」

「看來你越來越接近那個臭男人了……」老裴說，一輛車朝我疾駛而來，我閃避不及……

一個黑衣男子走出來看著倒在血泊中的我說：「如果你在查是誰讓小伶懷孕，我就讓你不孕。」

第三週：小伶記者會——血型之謎

11月19號電視上正播著小伶因爲受不了媒體窮追猛打，召開記者會，小伶因懷孕事件後，曾傳出小伶因爲厭食症、看過幾次醫生，消瘦臉龐，哭著紅腫眼睛，令人忍不住灑下同情的淚，小伶當場拿出Prozac吞下：「我眞的懷了孩子，但我不能告訴你們誰是孩子的父親？潘朵拉的盒子已經打開了。莎翁說饕餮的時光，去磨鈍雄獅的爪，去猛虎顎下把它的利牙拔掉，焚毀長獸的鳳凰，滅絕他的種，這孩子不該被生下來，小伶中間幾度昏厥。旁邊新強扶著她 。

我看著電視上小伶的記者會，想想我躺在醫院的病床上，已經整整一個星期了，我關上電視，到底是誰不要我繼續查下去。撞傷我，這時候護士小姐走進來，「你醒了？你缺血過多要多休息，幸好我們病院有AB型RH陰性的存血。」

我想從小伶生理期推斷是6月24號和7月20號，和羽賀在日本那段時間，小伶生理期剛過，即使不戴保險套，小伶受孕機會也微乎其微，所以可太能是是羽賀，可惡的臭男人到底是富商雙全、婦產科醫師鐵男、還是新強？

這時我的電話響起，又是老裴打來：「小伶記者會，你看到了吧，妳知道她開完記者會去哪裡嗎？她竟直奔微風廣場內上海餐廳大快朵頤，一點都不像得了什麼媽的厭食症，吃完還逛Burberry、Prada，跑到沙發喝了自殺飛機、深水炸彈這一些雞尾酒，簡直不要命了。」

「你們愛跟，她們只好作秀給你們看！」我笑。

「對了，大消息，我手下說獅子王是家有名酒吧，外面還插著六色彩虹旗，雖然少強常去不一定代表是玻璃，但聽說他曾到晶晶書庫，也常和男同志藝人出入。」老裴說著。

「可這並不代表他不能讓小伶懷孕！」我說。

「你去過新強的老家或找過他的朋友嗎？」老裴問題。

「可是為什麼男模加賀、少強、婦產科醫生這些人聽起來都像是同志。」

「我已經查到少強家地址了！如果他是Gay一定有

跡可循。」老裴說著。看來，我們離那個臭男人越來越近了！

我離開萬芳醫院搭乘捷運來到中山站等老裴。

我們兩人一同驅車沿高速公路北下沿途忘記經過幾個交流道，來到高雄著名夜市旁，新強的老家。我們謊稱是新強高中的同學，新強的媽媽疑惑地望了我們一眼，請我們進門，她問：「你們眞的是新強的同學嗎？！」她媽媽拿起相片，指著說他高中念的是女校，指著相片中一個短髮的女生，我和老裴當場傻了眼。

老裴：「新強不是男生嗎？」
新強媽媽：「我們家心薔從小就是個女生。她從小喜歡做男生的打扮，當她看見某位變性後成爲購物專家的人後，她就拼命的打工存錢，希望有朝一日能成爲一個男人。雖然我們勸過她，但她就是不聽。」
老裴：「可是新強是男生的名字！」
新強媽媽：「新是心儀的心，強是薔薇的薔。」

「原來新強不是同性戀是個女人。」

我們回到台北，詢問變性手術專家，專家說：「以一般女人變成男人的變性人不太可能有生殖能力，而且還會造成後遺症。」

我離開老裴家回到事務所……。那讓小伶懷孕的男人不太可能是新強？而可能是富商、鐵男、或羽賀，而他們之間到底是誰有可能弄大小伶的肚子。

老裴電話又響起：「你收到我手下給你的東西了嗎，男模羽賀的血型是O型，鐵男是AB RH陽性，新強是B型。」我想我就快要找到這個臭男人了

11月20號，富商偕婦產科醫師接受某週刊專訪，拿出婦產科醫生的診斷紀錄指證歷歷：「婦產科醫師驗過孩子的絨毛膜檢測，和我同樣是AB型RH陰性，小伶肚子裏懷的孩子是我的，這孩子將是我的財產繼承人，小伶和孩子可以說是天上掉下來的禮物。」

我看著週刊大叫，媽的，富商被騙了，從富商的病歷表上，富商有精蟲稀少症，雖然和小伶肚裡孩子的血型一樣，但不太可能讓小伶懷孕，鐵男、新強、羽賀讓小伶懷孕的人到底是誰？小伶說潘朵拉的盒子已經打開是什麼意思，只剩一週的時間，你能找出誰是那個讓小伶懷孕的臭男人嗎？

第四週　臭男人現身

「血型是RH陰性的人在白種人只有百分之15，而台灣人更是微乎其微 」

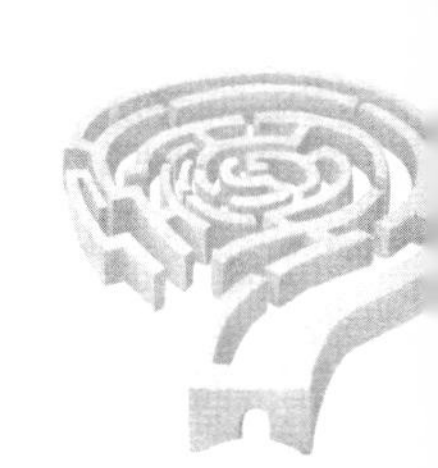

12月1號不知情的富商與小伶前往區公所，將500億的財產給了小伶肚裡的孩子，而小伶將是財產唯一託管人，直到小孩到達法定年齡。

「碰」眼前一片烈火！母親抱著剛出生的他，來不及逃走，被柱子壓死，父親帶著小老婆跑出來，恨57年前，在廣島投下原子彈時就種下了……

富翁從從惡夢醒來，為了有後代，他曾求助過無數名醫，他翻身驚醒旁邊躺著一個赤膊未成年的美少男。起身拿起Viagra吞下，愛撫著小男生說：「在古地中海，成熟男子，在男孩成年禮時會透過同性戀行為，將戰鬥能力轉移跟隨他的男人，他也將從年輕的男孩身上找回往昔的精力。」

人總有一天都會大聲哭著揭露自己以前偷偷犯下的行為。我不再是自己的主宰，也不再是自己靈魂的船長，而自己卻渾然不知——王爾德

我離開偵探社來到陽明山富翁的別墅前，拿出鑰匙，自己打開門，進入房內，少男瞪大眼睛大叫看著我，看著富商說：「你們兩個真像。」

我環顧房間四周佈滿希臘神話中盲眼泰瑞希斯，巴比倫伊息塔爾神象、格雷畫像、法國薩德侯爵的名著。

「在薩德的世界裡，性是沒有任何規範的。」富商說著。

那讓我想到這個同父異母的哥哥也是，「你來幹嗎？」富商斜睨著眼問我。

「雖然你不認我這個弟弟，但我要告訴你，讓小伶懷孕的男人並不是你！因爲你有染色體一對出了問題，患有精蟲稀少症，不可能讓小伶懷孕！」我說著。

「說什麼鬼話，我身體雖然因輻射傷害，經過治療，加上服用婦產科醫師給我的Za，我已經能讓對方受精，而且孩子的血型和我同樣是AB型RH陰性，這是十分少有的。」富商驚訝地說著。

「但婦產科醫師開給你的是並不是Za，」我拿起一旁的藥丸：「這是一種會殺死精蟲的藥！」

富商：「不可能，鐵男驗過孩子的血型和我一樣，孩子一定是我的！」

房間門被打開！新強出現在門口：「雙全，孩子是你的，哈哈，你想的美，你這老雙性戀，當你出現在獅子王酒吧時，隱藏自己的身分，欺騙我的感情，發現我變性身分時罵我人妖，當你追求小伶時，我心痛不已，我把你的事告訴小伶後，小伶又生氣又同情我的遭遇，當我們調查你發現你爲了有後代找上鐵男，好巧不巧，鐵男是小伶的好友，就決定利用小伶懷孕這件事，騙光你的錢，我也報了自己的仇。」

富商：「怎麼可能，那孩子經過檢查和我的血型相

似啊……」

看著他們兩個爭吵，我一個人離開陽明山回到偵探社。我的手機再度響起……老裴大喊：「林老弟，你覺得他們四個人到底是誰讓小伶懷孕。」

「你覺得是誰？」我喃喃自語：「可能是他們，也可能不是」！

這幾天來，我一直在事務所透過我藏在婦產科內的偵測器，監視鐵男診所的一舉一動。錄音帶中出現小伶的聲音：

小伶：「終於完成了！謝謝你和羽賀的幫忙」。

鐵男：「嗯……爲什麼妳要叫我撞那個偵探。」

小伶：「富商還沒簽財產繼承，我怕他查出我們騙富商的錢，壞了我們的事。」

鐵男：「小伶，可以答應我的求婚嗎？」

小伶：「以後再說吧！」

鐵男：「可以告訴我，如果孩子不是雙全的是誰的？因爲能生下AB型RH陰性血型的孩子，機率實在太小了！」

小伶：-----------（錄音帶用完了）

到底誰是讓名模小伶懷孕的那個臭男人？

五天後，我收到一台MINI COOPER，和小伶的來信：

你記得2004年8月10號下午，那個戴著帽子、太陽眼鏡，全身裹得緊緊的女人嗎？那是我！

記憶回到8月8號……

一位戴著帽子，無法隱藏美麗曲線的女子走進我事務所，莫名其妙說：「我調查過你，我要你的精子！」你當時一定認為我是神經病，隨口胡亂開出天價500萬，想不到我馬上開出支票，我想你只好硬著頭皮，去了洗手間，把你的精子交給我放入冷凍氮保溫盒裏……」

我想原來……那名女子——是小伶

讓我懷孕的臭男人就是你，我調查過你和雙全的血型都是十分稀有的RH陰性，為了騙雙全，我才會突兀要了你的精子，我會把孩子養大，而這台MINI COOPER是謝謝你的禮物！

小伶

我的電話又響起。

老裴：「你查出LP的意思了嗎？」

我笑著：「那是黑膠唱片！」

改邪歸正的小伶！

西蒙波娃說過一句很有名的話：「女人是處境造成的，而不是先天造成的。」

回到家我找出書架上西蒙波娃的《第二性》，想著我寫的這個腳本到底給了小伶什麼樣的處境，讓Yahoo!奇摩紅了臉，不知如何是好，是因爲小伶充滿心機、爲了復仇，不擇手段接近富商，富商成爲無惡不作的魔鬼做了許多違反世俗道德的事。我想范可欽和我都會覺得是南京板鴨那晚酒後誤事，加上我加油添醋，超越尺度的限制戀童癖的演出，鑄下無法挽回的大錯，要不是范可欽用他横行廣告圈十幾年的老臉和份量頂住，我想我們和Yahoo!奇摩搜尋的關係將從此打住。Joann說小伶是個壞女人，我坐在天母的咖啡館內，看著從新光三越走出來手裡提著大包小包，打扮入時的女人，她們心裡到底在想些什麼？我該怎麼讓Yahoo!奇摩搜尋這群女人眼中色誘男人、亂搞的小伶搖身成爲一個好女人？從策畫者變成無辜的受害者，化主動爲被動，她們不喜歡狗仔文化，那就把狗仔文化妖魔化，讓小伶成爲無辜的人，小伶她是個單純天眞、可愛、沒有心機的女生。

我喝了一口苦苦不加糖的Expresso，爲了趕走一個晚上因爲擔憂而沒有熟睡的身體，喚醒體內的甦醒，讓小伶單純的只想要有個孩子，而狗仔隊發現這件事後，拼命發掘內幕，「小伶只是想要有孩子！」我興奮的大叫：「有了！」突如其來的鬼叫，引來鄰座側目的眼光！我在咖啡廳中心呼喊女性主義萬歲，或許這就是Joann的女性主義，女人在社會中的角色是主動的，她有明確的目標，不成爲男人的附庸。這是上帝的孩子，上帝給我的孩子，我會好好照顧這孩子一輩子，我第一次感覺到小伶的心跳，了解到小伶和Joann眞正的想法。

電話那頭不斷傳來嘟—嘟—嘟的聲音，然後很快的轉進語音信箱，我心裡咒罵著平常我老闆范可欽是二十四小時開機，偏偏在緊要關頭關機，眞的不知道我老闆范可欽搞什麼鬼，不管我先動手找資料吧，要不然就來不及了。

所有的關鍵就在態度，小伶懷孕的態度，我看著桌上，前女友送的小本聖經，我記得聖經中有一段類似意念顯露的這樣一段話，我拼命的翻閱，終於在《路加福音》第二章中找到這個孩子的誕生，會讓許多人的意念顯露出來，小伶的懷孕

正好可以表現故事中的狗仔文化，有人爲了成名藉由媒體操作，有人爲了愛、有人無端的捲入漩窩，自己想的得意，但眞的太累就在書桌前沉沉的睡去了。

討厭的電話響起，我昏昏沉沉的接起電話，電話裡傳來「Tommy，故事寫的怎樣了？」

「我找到聖經中的一段什麼這個孩子的誕生，會讓許多人意念顯露出來，是故事很好的中心思想，還有小伶懷的孩子既然連她都不知道孩子的父親是誰？就讓他說這是上帝的孩子吧。」

范可欽聽了默不作聲：「那原來給偵探資料的裴總監的角色哪？」

我：「我還沒想到這點，不過會議上不是說是小伶本人或是經紀人嗎？」

范可欽：「如果是小伶本人，小伶又會被指責成陰謀，Joann她們會抗拒，不喜歡。我覺得是經紀人因爲看見這消息，問小伶她又不說，經紀人才想查出誰是孩子的父親，這樣聽起來故事會比較沒有破綻。」

我：「那經紀人就是神秘人了，如果神秘人是個問號，又要找誰是孩子的父親會不會是兩條支線。」

范可欽：「我覺得還好，就從上次的會議內容改起吧，還有記得要寫的像詩一樣，文字優美，Joann和Anita她們會比較容易接受。」

我看了看錶已經晚上十一點多了，掛了電話，心中還是無法抵擋睏意的睡著了。

「鈴—鈴—鈴！」被鬧鐘吵醒已經七點多了，腦袋一醒來馬上想到又要和小伶過招，又要寫，眞煩，星期一了，下午一定要先給Yahoo!奇摩看到故事大綱，眞想學陶淵明大唱歸去田園，每天睡到自然醒，醒來種種菊花，喝點小米酒，日出不用作，日落一定醒，洗把臉也把一臉的妄想洗去，拖著星期一症候群進到公司已經十點多了，打開電腦對著螢幕發呆，在星期一寫詩，是很殘酷的，然後很辛苦的一個字一個字敲下……

是誰讓名模安妮懷孕

2004年8月，全球華人票選安妮爲亞洲最受歡迎女明星，此時此刻安妮事業如日中天，但安妮曾不只一次對媒體記者透露，自己年紀漸長，最大的心願是希望能有個可愛的孩子。但忙碌的行程、演出，無時無刻的鎂光燈，讓她的夢想一直難以成眞。但對落魄的林偵探而言，第一名模安妮想擁有孩子的事，遠遠比不上他急需一大筆錢，來解決偵探社即將跳票一百萬的燃眉之急，爲了籌措這大筆錢他曾撥給他所有認識的人，但都遭到冷漠的拒絕，連同父異母的哥哥也一樣，加上這幾個月來，偵探社一點生意也沒有，也無法向銀行借貸。讓他無計可施，就在這時候林偵探在他的E-mail中收到一封廣告信件，他相信以他高達160的智商……是廣告信件中最合適的人選，一個星期後，他解決了偵探社跳票的危機。

當安妮離開台灣前往巴黎走秀時，媒體卻傳出安妮前往巴黎前，曾到傳聞中的婦產科醫生的診所接受超音波檢測，媒體推測安妮可能懷了以下四個男人其中之一的孩子——日本男模、富商、經紀人、婦產科醫生，整個城市喧喧嚷嚷，許多媒體試著聯絡遠在巴黎的安妮，但遭到經紀公司以怕打擾安妮工作爲由拒絕。

林偵探邊看著新聞報導邊吃著Mister Dount甜甜圈和黑咖啡進入偵探社，拉開門時下面塞著厚厚的一袋牛皮紙袋。上面寄信人一片空白，他把它從地上拾起置於桌上，這時候他的手機突然響起——

一個神秘的男子：「林偵探你好，看到牛皮紙袋了嗎？我是安妮的影迷，我很關心安妮懷孕的事，我想請你找出誰是孩子的父親，事成之後，我會把一百萬匯入你的戶頭作爲報酬。」

林偵探笑著心想，這幾個月來，偵探社一個案子都沒有，以他多年查案的經驗，這案子聽起來並不難。當下便允諾這個神秘人的委託。當他拿出牛皮紙袋中的資料，看著滿滿的相片、報導、證物，他一步步陷入層層謎霧當中。

以下是男模接受記者的訪問資料，和證物：

我很愛安妮，當安妮告訴我，她因公來日本時，他們曾見過面，一起走過表參道看著明治神宮前慢慢染紅的秋楓，也一同去了箱根泡溫泉，當晚他喝醉酒，或許孩子有可能是他的，他又說到每次握著安妮的手過馬路

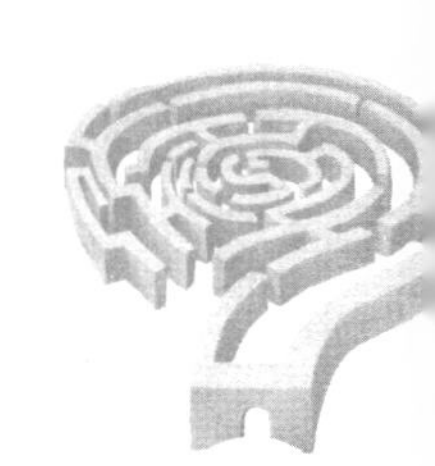

時，他眞希望安妮拋開台灣的一切，留在日本，他還吟了詩，這美好的時光，就讓它留下吧，但安妮婉拒了他，當他知道安妮懷孕時，他說安妮是他的最愛，如果孩子是他的，他會娶她，如果不是，他希望孩子的父親趕快出面說清楚，無論如何希望安妮和孩子都有很好的歸宿。

偵探繼續看下去經紀人接受媒體記者11月1號的訪問報導，經紀人說安妮一進演藝圈，他就幫安妮打點一切，安妮一直是個乖巧善體人意的女孩，他比任何人都更關心安妮，當媒體報導說他和安妮在8月3號到8月5號曾出現在內灣星海營區時，經紀人解釋是因爲安妮工作壓力大，想喘口氣，他才會幫安妮推掉通告，看著安妮沐浴在螢火蟲的星光下，和一旁的孩子玩的很開心，他說他就像安妮的哥哥一樣，希望安妮一直很快樂。對於媒體問到安妮驚傳懷孕一事，他話鋒一轉，說安妮已經接到好萊塢片約，明年初將前往好萊塢發展。

偵探看到富商接受11月3號記者的訪問，富商說他一個人打拼事業多年，錯過了許多姻緣，當他在一場慈善拍賣和安妮邂逅後，他相信安妮就是他這輩子一直在尋覓的另一件，所以他對安妮展開熱烈的追求。他和安妮在個性上有許多契合的地方，喜歡歌劇，美術，他說安妮手上的奧洛夫鑽石是與安妮的定情之物，兩個人也買好了房子，相約渡過下半生，關於安妮懷了孩子的事，他堅決相信孩子是他們林家的骨肉。

偵探繼續看著婦產科醫生接受媒體11月3號採訪的資料：婦產科醫生說他和安妮的哥哥是高中同學，看著安妮長大，她可以說是安妮的家庭醫生，每次她心情不好都會來找她談心，安妮乳癌檢查也都找他，8月8號晚上那天媒體拍到他和安妮出現在女陰海報聞名的店，他說這是子烏虛有的事，她說：「安妮是一個很乖的女孩，你們不應該傷害她」！又說從醫學觀點來說安妮的孩子只要經過絨毛模比對就能知道孩子的父親是誰？相信只要安妮從巴黎回來一切就眞相大白，婦產科醫生說他也想知道誰是孩子的父親。當媒體說孩子的父親可能是富商時！婦產科醫生嘲笑的口氣：這聽起來就像《詩經．大雅生民篇》的故事。以醫學角度來說是極爲荒謬的林偵探循思著婦產科醫生說《詩經．大雅篇》和富商說孩子是林家的骨肉到底有什麼關係。

當林偵探找到詩意後，他來到婦產科醫生的診所，試圖透過婦產科醫生找到眞相，婦產科醫生看見林偵探自言自語喃喃的說：「你們眞像，」林偵探說：「我查過《詩經大雅篇》，爲什麼安妮的孩子不太可能是富商的。」婦產科醫生隨即打開電腦，林偵探偷瞄了一下他敲打鍵盤的位置，婦產科醫生說：「富商和安妮都是他

的病人。」他指著電腦說：「以醫學觀點，富商第47對染色體，可能遭受過幅射傷害，很難有後代。所以孩子的父親應該不太可能是富商。但有個疑問他也無法理解，但基於病人隱私，他不能說。」林偵探心中暗自有了主意，當晚林偵探在診所打烊後，侵入診所病歷室，打開電腦，迅速拿出隨身碟將安妮的檢測報告、富商的病歷一併存下

當林偵探從診所二樓的窗戶一躍而下，一台汽車朝他直奔而來，把林偵探撞倒在血泊當中，走出一位黑衣戴著墨鏡的男子說：「你再查安妮懷孕，小心我讓你不孕！」

安妮從巴黎返台，隨即出關在機場召開記者會，她臉上帶著愉悅的笑容：「我真的懷了孩子，已經快四個月了，這孩子是上帝的恩典，誰是孩子的父親我還不能告訴你們，這是路加福音第二章34、35節給我的啓示。」

林偵探躺在醫院的病床上，很快的找到聖經路加福音原文，這時護士走了進來：「你的血型很罕見，還好醫院有足夠的存血。」

林偵探心中滴咕著：「安妮爲什麼拿孩子的誕生，會叫許多人的意念顯露出來的路加福音作爲比喻。背後到底藏著什麼秘密，難道是有人說謊。」

林偵探迫不及待的想解開謎題，很快的回到偵探社。他打開電腦把隨身碟置入，看著從婦產科醫院竊取出來的資料，安妮的血型是RH陰性，上面寫著以醫學的角度來說，富商得的病是無法有子嗣的。林偵探試圖靜下心來，從紛亂的線索中理出頭緒，心想只要還原四個人和安妮的交往時間就應該能找到孩子的父親。

這時電話又響起，神秘人士：「已經過了三個星期了，看來你一點進展都沒有，而安妮還是沒有對媒體說明誰是孩子的父親。」

林偵探又笑著：「如果以安妮說她已經懷孕四個月來推算，她懷孕日期應該是在7月30號左右。只要重建安妮和這四個人的交往行程，我們就能找到答案。」

林偵探說他懷疑安妮懷疑孩子可能不是日本男模的，因爲林偵探找過和安妮一起到日本的模特兒，模特兒說當天晚上，她們三個人是一起到小涌溫泉渡假村，男模表示他喝醉酒，不知道發生什麼事，但模特兒表示當晚男模很開心喝醉了，她和安妮送男模回房，一直聊天到近清晨才睡去。隔天安妮曾試著叫醒男模，但男模一直未醒，她和安妮爲了趕當天下午東京飛回台北的班機，就先行離開。所以同行的模特兒想孩子的父親不應該是他。

媒體報導說經紀人和安妮逗留在內灣飯店兩天，這

個報導並不確實，林偵探曾找過經紀人，經紀人出示他在8月4號晚上，回到台北某個交流道路口時曾因超速被拍下，而且林偵探曾親自到內灣飯店，拿著經紀人的相片詢問此人是否有留宿，確定這個人並沒有住宿，所以孩子的父親可能也不是經紀人。

林偵探也曾找過婦產科醫生，但林偵探曾確認過他當日行程，婦產科醫生人在南部參加醫學會議，以行程來說無法在晚上趕回台北並與安妮出現在卡內基Pub，所以媒體可能得到了錯誤的線報。

林偵探：「從婦產科醫生的病歷中顯示，富商又患有無精症。」

神祕人笑著說：「依據你的調查好像不是男模、婦產科醫生、經紀人三人，你說富商又患有無精症，那安妮肚子裡孩子的父親到底是誰，該不會有第五個人吧！」

林偵探：「也許從富商著手，能找到安妮懷的到底是誰的孩子？」

林偵探帶著不安的心，來到陽明山富商的別墅前，按了門鈴，一位女傭打開了門說：「少爺，你好久沒回來了！」

林偵探笑了一下，說我找大哥，富商神情逼人的看著林偵探：「你這個不肖子，你來幹嗎？當初找你回來繼承家業，你不肯！」

林偵探抬著頭說：「我有想做的事。」

富商鄙夷的笑著：「就是做個窮途末路的偵探，到處借錢，還去了精子銀行，你眞是我們林家的恥辱。」

林偵探：「我想問你關於安妮的事。那你哪把別人的孩子當自己的孩子。」

富商警覺的說：「安妮懷的孩子是我林家的骨肉，也是將來龐大遺產的繼承人。我們已經決定在11月底在凱悅訂婚，你不准再查下去了，這裡不歡迎你。」

林偵探隨手把監視器放在沙發旁，離開了陽明山，啓動錄影裝置，安妮從房間走出來，對著富商說：「你實在不應該叫唆人開車撞他。」

富商輕輕擁抱著安妮：「我不希望他繼續查下去，我也不希望你再透過經紀人委託我弟弟繼續查下去。」

安妮：「我從巴黎回來後，曾檢測過孩子的血型也是RH陰性，你不好奇嗎？」

富商：「安妮，我想告訴你這孩子的確是我們林家的骨肉，關於精子是誰的，誰又是孩子眞正的父親，這個謎就埋在《創世紀十六章》裡。」

林偵探尋思：《創世記十六章》啊……

嗤—嗤—嗤，畫面一片雪花（監視器被人發現，拔下。）

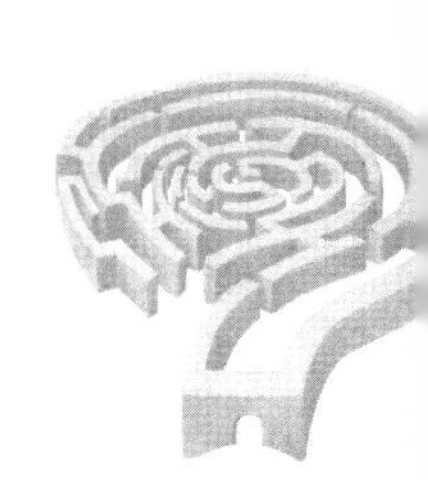

林偵探心想：原來那個神秘人是受到安妮委託的經紀人。名模安妮懷的到底是誰的孩子？

三個月後，林偵探收到安妮的來信，她說很抱歉，透過經紀人把他捲入這場漩渦當中，還有他哥哥派人撞了他，又說道當初她透過經紀人答應給偵探的一百萬已經存入戶頭，或許偵探已經知道她的孩子是精子捐贈而來，她說她一直在猜想爲什麼富商口口聲聲說，「她懷的孩子是林家的骨肉」，當她那天看見林偵探後，發現富商有個弟弟，曾請人調查過林偵探，並發現林偵探曾在七月時爲了解決一百萬跳票的燃眉之急到過精子銀行，她曾再三詢問過富商，孩子是不是他弟弟的？富商終於點頭，他說會把孩子好好養大。但也請林偵探保守這個秘密，就如林偵探哥哥說的把孩子的秘密埋在《創世紀十六章》裡。

林偵探看完信，抬頭著窗外灑落的陽光，看著媒體斗大標題名模小蕾驚傳4劈，伸了一個懶腰，原來安妮懷的孩子眞的是他們林家的骨肉。

打破沙鍋問自己

寫好抬頭一看已經四點半了，坐在電腦前不吃不喝七個鐘頭，中間過程只有Ann不斷進來催促：「今天要給客戶看，Tommy今天故事一定客戶看！」看看故事的文字還挺浪漫，但我一站起來腳幾乎完全麻痺，幾乎不良於行，窗外也沒有一地陽光，我把印出來的故事大綱拿給正在等待的范可欽。他看了一下說：「應該沒問題了，內容再慢慢修正。」

下班前品品回了電話給Ann，說他們很喜歡故事大綱，竟然還問了這故事是Tommy寫的嗎？這不像Tommy的文字風格，是不是我們找了另外的寫手。天啊！客戶竟然不相信這是我寫的，眞是太小看我了，還是覺得我是不折不扣的沙豬，或則是他們對男女的偏見太大了，就像廣告圈說的，女生的文案大部分都不能做車子、做電器，因為女生是科技白癡；男生的文案不能寫女性內衣、化妝品、衛生棉，因為他們通通用不到，可能連化妝品的使用程序都不懂。想想妳在看我嗎？妳可以再靠近一點，我每天只睡一個小時，這些化妝品的文案不就是我老闆范可欽寫的，他也很大男人啊！我雖然沒他的大名氣，我也做過化妝品，我也在無數的深夜，像男人百分之百的梅爾吉博遜穿起女性的絲襪，用過染毛劑，我想身為一個廣告文案，註定要能變男變女變變變，要像花木蘭的雄兔腳撲朔、雌兔眼迷離，兩兔傍地走，安能辨我是雌雄的境界。

聽見客戶這麼說，我蠻得意的，代表客戶對我的文字功力大乎神奇，甚至覺得出神入化，但我並沒有得意

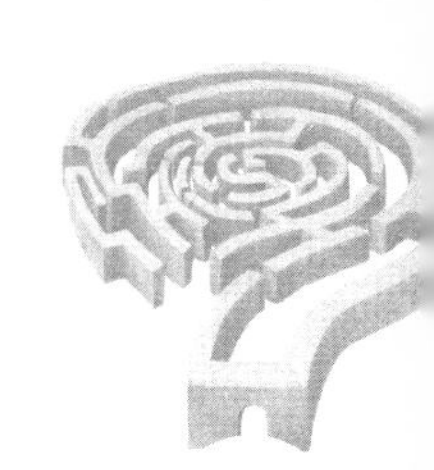

太久，因爲誰也想不到故事大綱中幾個牽涉到安妮懷的是誰的孩子的重要線索，讓Joann，Anita在形成四週的故事時反覆考據。

第一是故事中太多的聖經經文，他們不希望故事偏袒某一種宗教，除非佛教或回教也能用上，聽見這消息時，我差點昏倒，心想應該把日本眞理教的故事放進去，我說過客戶是上帝，它不喜歡我只好把聖經乖乖拿掉，但在他們口中一句拿掉，我可能要找上三天三夜，才能找到符合故事發展的寓言，又必須在Yahoo!奇摩搜尋上能找得到，試過《安徒生童話》裡送子鳥的故事，試過日本的桃太郎，還有邱比特的父親典故但都吃到了閉門羹，就算不開會的時候我們和Joann，品品也每天保持E-mail聯絡，寫過的每個線索，她們兩位都要確保沒問題，如婦產科醫生所提出《詩經大雅篇》姜源走過莫名的腳印之說，從我畢業於東吳中文系的古典訓練，我很自豪的相信這故事最早絕對出自《詩經大雅》，但Joann看了《詩經大雅篇》後一頭霧水，於是她很用功的找到《史紀周本紀》的內容，堅持這故事是出自《史紀周本紀》，以下是Joann的E-mail內容：

關於晉文公的祖先，按照世代的排列是這樣子：

黃帝（公孫軒轅）是少典氏的後裔，長大以後成了有熊部族的首領，當時他們住在今天河南省新鄭縣附近。由於黃帝的文武都很興旺，所以他統一了中原，被各部族擁戴爲盟主。他先娶西陵氏的女兒嫘祖爲正妃，嫘祖就是蠶絲的發明者，也是中華民族偉大的母親之一。嫘祖生了玄囂和昌意兩個兒子，除了這兩個兒子外，黃帝和所有妃子們一共生了25個兒子。之後，玄囂生蟜極，蟜極生高辛（即帝嚳），高辛生后稷，后稷就是周朝的始祖。

后稷的原名叫「棄」，母親是有邰氏的女兒，名叫「姜嫄」（或姜原，據說當時他們的家族居住在今天陝西省武功縣附近）。姜嫄是帝嚳的皇后，可是一直都沒有生育，所以心中非常焦慮。她常常向上天禱告，希望上帝祝福她生個兒子。關於這一點《毛詩正義》的註解說：

姜嫄之生后稷，如何乎？乃禋祀上帝於郊禖，以祓除其無子之疾，而得其福也。…言姜嫄之生此民，如之何以得生之乎？乃由姜嫄能禋敬、能恭祀於郊禖之神，以除去無子之疾，故生之也。

也就是說，姜嫄因爲不孕症，所以不住地向上帝禱告，祈求神的大能醫治她的疾病，她的眞誠感動了上天，上帝決定要祝福她，醫治她的不孕症，並賜給她一個兒子。

事情發生的經過是這樣子：有一天姜嫄按照慣例到

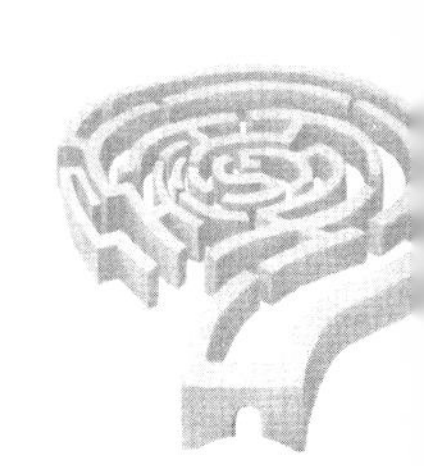

野外去祭天，在路上她看到了巨人的足跡，關於這個足跡，《毛詩正義》的註解說：「當祀郊禖之時，有上帝大神……」，意思是說，上帝差遣天使向她顯現的意思。當姜嫄看到巨人的足跡，心裡有些驚訝，但卻很高興，因爲她從來沒有看過這麼大的腳印，就很好奇地去踩這個的足跡。沒想到這一踩，身體突然震動了一下，就像懷孕時嬰兒在肚子裡翻動一樣。姜嫄回去沒多久，就懷孕了。

其實我不得不佩服Joann把做廣告當做學問，實事求是，但離上線一天天的逼近，我被逼急了，心想已經到這節骨眼，她還拘泥在這出處上，也因爲她的求知精神，激起我當晚回家把書櫃裡佈滿灰塵，找出畢業後再也沒用過的《詩經》、劉大杰的《中國文學史》，打算在明天下午開會的時候，和Joann來一場學術辨論，如果我東吳的老師知道我爲了捍衛學術的正確和客戶提出辯論，他們一定會認爲我這大學天天在睡覺，翹課的小子眞是孺子可教。

當Joann一進辦公室，我就拿著劉大杰《中國文學史》和Joann討論，爲了政通人和，便感念Joann的幫忙，我告訴她說：「妳找的沒錯，典故是很清楚的點出姜源懷孕這件事，但從著作年代最早的是《詩經》，所以我才寫《詩經》典故，但如果你怕不清楚，我們就把它改成《史記・周本紀》，爲了減少上線後的爭議，我是可以妥協的，至少我把故事的出處，清楚的傳達了，接下來的會議針對廣告應該在什麼時候上，是安妮開記者會的第三週，還是第一週。Joann看著製片公司提出來的女主角都不是很滿意，有的太妖豔，有的少了一種態度，她們希望女主角在記者會現場不是畏縮的，是很有自信的對記者說話、走秀。製片面有難色的說，台灣所有模特兒公司看見這隻腳本，沒有一個人敢接，有誰敢得罪台灣當紅的兩大模特兒經紀公司，偉能說也許從國外找模特兒，范可欽說也許能找她朋友旗下的模特兒當紅的林佑立，當范可欽撥電話找了知申公關的溫總經理，溫總經理很有興趣的請范可欽撥電話給經紀人，范可欽對Joann說林佑立雖然年紀小一點，但因爲她本身是名模，由名模演名模話題性夠，而年紀看起來較小這一點，應該透過化妝可以解決，Joann聽完後也表示能接受，但誰也沒想到過了幾天又發生變化，接著范可欽和Joann又看了男模，覺得看起來像日本男孩也夠時髦，但對婦產科醫生、富商、經紀人都覺得不恰當，很明顯的導演可能還沉溺在台灣黑旋風的版本裡，經紀人是變性人，富商有戀童癖。范可欽看了一下搖搖頭說這些人都不夠好，製片表示時間迫在眉睫，范可欽又表示我們的客戶當中中興保全的副總高大威猛、又帥氣，是

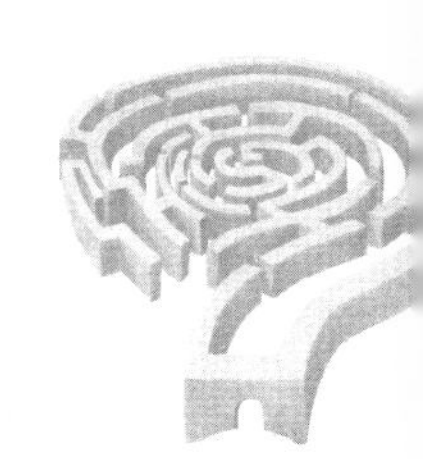

富商的不二人選，我們常在開會時見過他，也爲他的帥氣挺拔折服，當場拍手叫好，范可欽那時一定心想一不做二不休，轉頭看著經常在平面稿跨刀演出律師、醫生的副總經理林純正是不二人選，Joann看著原來有點脂粉味的婦產科醫生照片，也點頭稱是，直說副總林純正長的正派、專業。范可欽一定是故意的，他說故事中的經紀人是很老狐狸，我們的創意顧問偉能也是很適合的，偉能就在大家鼓掌通過，盛情難卻下決定演出經紀人，阿忠導演瞎起鬨的說那我來演出最後左擁右抱的設計師出場，Tommy演出故事中開車撞偵探的陌生男人，因爲我長的夠狠，像通緝犯，大家瞎鬧著，Joann又說眞的找不名模就找Ann吧，誰也想不到Joann一語成讖，四天後林佑立的經紀人表示林佑立將在十二月出席上海名模大賽，無法演出。

品品接著提出另外一個問題，我們廣告影片的說法是男模、富商、婦產科醫生中這四個人中有一個是孩子的父親，但答案是偵探，我們如何在最後的答案選擇冒出偵探而不突兀。

我說：「我們可以選擇輸入名字的方式。」

Peter冒出一句話說：「這在電腦上是沒辦法做到的，因爲電腦無法辯識。」

Alvin：「就像答案是台灣，你輸入的如果是臺灣，在電腦上就不能辯識！」

Jerry：「電腦那麼笨啊！」

Jerry不敢相信的不斷詢問Peter爲什麼？兩個人專業程度的對談，讓我們一群人當場傻眼，Jerry甚至還請正好從美國回來唸電機的哥哥，詢問這到底是怎麼一回事，有沒有辦法克服，這時候知世網路的美眉傳了紙條給我，「說明明不行，Jerry爲什麼繼續堅持，我寫下打破沙鍋問到底，沒什麼不好啊，這樣我們才能知道要做什麼。」我看著她聳聳肩，最後Jerry終於因了解而退步，他馬上說：「那就填入所有的名字讓網友去猜就行了，同時因爲答案揭曉並沒有廣告片，除了透過公關操作宣佈答案外，我們還要告訴所有參加的人。」

我在一旁搭腔說：「我就以安妮的名義寫一封信給偵探吧。」

Jerry又說：「這樣還不夠吧！」

Joann：「嗯，小伶要寫給每一個角色，告訴參加的人，爲什麼孩子不是他的。」

會議結束前，品品說我們的名模不能叫小伶，公司法務那邊有問題。范可欽一聽又是法務，火氣上來，但還是保持風度的說：「全民亂講裡一狗票蘇針昌、馬英久，呂鏽憐，也沒看被告過。」記得我聽范可欽說過他這輩子栽在法務底下無數次，每次想到不錯的創意，客

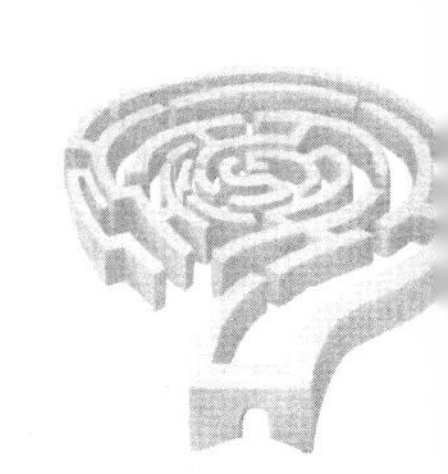

戶聽的拍手叫好，法務就會跳出來說這個可能觸法，不能做，因爲沒人做過，法務就謹慎的要命，好創意就這樣被層層把關封死了，然後創意人員只能做出平淡無奇的東西，對匚合廣告來說創意永遠是在人性上，而法律永遠是違反人性的。中國人說法家說：「刻恩而少薄！」當眞是有理！

因爲林佑立不克參加演出、導演慌了、製片慌了、我慌了，看得出來品品更慌，今天已經星期四，眼看星期一就要拍片，范可欽氣定神閒的轉頭看著副總純正和偉能說了一句，我明天要到上海，剩下的就交給你們了，保持聯絡……

拍片前二十四小時，我們至少又從國內外找來十個當紅名模，但Joann就是不滿意，覺得不是太妖豔、太冷、就是太瘦，最後Joann選了孫靄暉，孫靄暉不是最漂亮的，但Joann一眼就看上，認爲她的甜美、沒有架子的感覺最適合Yahoo!奇摩的品牌個性，決定孫靄暉後，導演、服裝設計和偉能連忙開會討論明天一早的名模新衣，開完會後，導演、製片又不眠不休的到片場，看舞台搭景，明天一早十點的通告，在凌晨四點，終於一切就定位，攝影師、燈光人員隨便找個地方就睡了，等待即將來臨的明天。

拍片對我來說是很苦的事，大家以爲在片場能和名模、明星工作是三生有幸，可是如果你和阿忠導演工作過，你一定要知道他磨人的功夫是一流，求好心切嘛，而我們只能眼巴巴看著監視器，看著他喊卡、再來一次，再來一次，Anita Huang也來了目不轉睛的看著監視器，我只能說Yahoo!奇摩的人永遠是這樣親力親為，看著後面一大掛的臨時演員在座位上打瞌睡，從早上十點拍到凌晨兩點，孫靄暉在舞台上至少走上一百多回，名模還眞不是人幹的，而臨時演員至少坐上十幾個鐘頭，眞的是錢歹賺，看著偉能做廣告二十年，今天獻上廣告的處女作，我這個後輩能親眼目睹也算三生有幸啦。

經過兩個月的煎熬，我終於完成了是「誰讓名模安妮未婚懷孕，遊戲在11月4號終於要上線了，我想因為名模安妮的故事，我想我鐵定創下一個紀錄，廣告圈寫最多字的文案，如果幽默大師林語堂在一定會笑我說：「廣告也要像女孩子穿迷你裙一樣越短越好！」，這兩個月來整個故事我起碼經過了六大修，四十小修，我打開電腦看著討論區滿滿的留言，幾乎沒有負面的評批，大家開心的直呼：「第二十五題要去哪裡找啊？」，「第二週的遊戲什麼時候出啊？」還有一些心急的玩家迫不及待的說出「誰或者是誰是讓安妮懷孕的男人」，還有那天拍片一位自稱坐在後面的人說：「我們那天拍到深

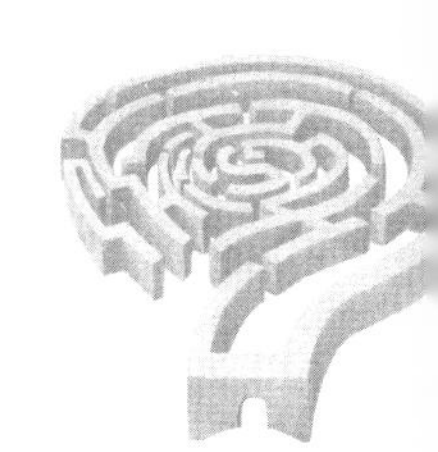

夜，他很得意的說我知道那個男人是誰？」，不到幾天的時間，第二週電視廣告上片，和Yahoo!奇摩搜尋平面、公關海、陸、空全面出擊，一夕間全台陷入福爾摩斯的熱潮當中，『誰讓名模安妮未婚懷孕事件』讓100萬人啓動搜尋引擎，我一方面又興奮一方面又慌恐，看著大家因爲故事有趣上來搜尋，我覺得所有的努力都有了代價，但又怕大家覺得這個故事有問題，上網攻擊，但我害怕的事始終沒有發生，這都要感謝Yahoo!奇摩搜尋Joann、品品對我寫的每一個細節小心求證。我第一次感受到身爲廣告文案帶來莫大的快樂，雖然是誰讓名模安妮懷孕的這個孩子並不是我一個人生的，是范可欽、張偉能和匚合廣告所有的同仁，Yahoo!奇摩搜尋團隊Joann、Anita Huang、品品她們金三角和知世網路創意總監Peter共同的創作，但我很慶幸能參加這個隊伍，因爲當初如果我告訴范可欽這個小說我不會寫、我是文案、我不是小說家，如果我退怯了，我就一無所有，如果當初范可欽在黑旋風版提案不通過時，放棄了、如果不是Yahoo!奇摩搜尋始終相信我們、相信范可欽，如果我們三方人馬，中間有一顆螺絲的意志鬆動，我想名模安妮所有的故事結局都將重寫。我們也無法共同寫下台灣網路史的傳奇，我在這件案子不只學到廣告事件的操作、我更學到了一種信念的堅持。

Yahoo!奇摩搜尋名模安妮懷孕活動結束後的幾個月後的一個傍晚，范可欽走進我的辦公室，拿出了因爲演名模變名模——孫靏暉寫給他的一張卡片，卡片上寫了她對范可欽的感謝，我抬頭看了范可欽一下，他笑著大喊：「各位，出門開會了！」我們眼神相會一笑，我們做到了，不只是爲Yahoo!奇摩搜尋，也爲我們自己……我看著電腦上打一半的辭呈，按了一下Delete，拿起包包跟在范可欽後面大喊著：「等我！」下次我要跑在范可欽前面。

第三顆腦袋

知世創意總監 Peter的秘密身分

「馬賽克」對一個用意象表達創意、用具像呈現創意的創意人來說何其重要，你永遠不會知道，在他們的口袋裡，有多少擷取自生活細節裡的「另類馬賽克」，經由他們的組裝，讓人驚艷的創意便呈現在世人眼前。

傳說貓有三個名字，最後一個保密……

Peter聽過一個外國朋友的故事，他相當年輕就當上了創意總監，後來才知道，他父親是外交官，他雖然年輕，歷練生活經驗豐富，他的創意取自生活，他的口袋裡，裝了許多用不完的馬賽克，經過不同的組裝，創造出不同的優秀創意作品，而Peter認爲馬賽克是否取之不盡，就成了創意人資本雄厚與否的指標！

Peter先生，以正確的方式描述，他是知世網絡的創意總監，是個在廣告界打混十幾年的紳士型老江湖。旁敲側擊，假日的他，似乎是個全職園丁，據說他有一座20坪的花園，而他最喜歡的事情，就是望著花園發呆。不過……在這兩個身分之外，相信他必定擁有第三個身分——他的秘密身分，若不是一個催眠師就是一個巫師！在那一個刮著風的陰沉下午，一群人見證了他的施法。

那一個八月天下午，卻刮著陰風。敦化南路上一輛計程車往台北市南區邊緣駛去。目的地是在和平東路與羅斯福路交叉口上一棟商業大廈。大廈對面有家星巴克，總是很多人，點一杯拿鐵也要等個十來分鐘。然而，目的地是那棟大廈的12樓。沉默的電梯將人們載往高處，Peter先生在一間名稱詭異叫做「跳繩」的會議室裡，說了一個足以觸動所有世間男女的故事——這正是傳說中令Yahoo！奇摩客戶沉默許久，幾乎落淚的，第一次提案。

—前言—

你幾歲了？你是男，是女？

你害怕什麼？擔心什麼？

什麼能讓你欣喜若狂

又什麼讓你徬徨

人生的戲天天上演　酸甜苦辣日夜交替

如果今天的戲裡有你……請入座！

—序幕—

「ㄟ！我在你辦公室樓下，去吃晚飯！」

「待會一起吃飯，順便聊一下那個案子，好嗎？」

「爲什麼會有人發明吃晚餐這個東西……」

兩個人的晚餐，三個人的事情，

一頓飯，將三個人困在十字路口，你……要吃飯了嗎！

—故事—《三個人的晚餐》

三這個數字算給人一種飽和感，是我太敏感了嗎？

對於他的一切 ，對於他與我的交集的一切，都熟悉

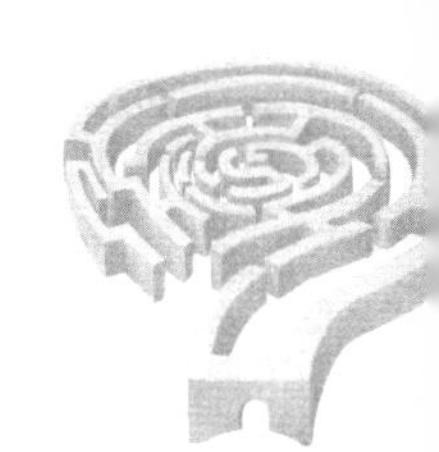

的理直氣壯了。

吵架的時候，他都不講話但是隔天就沒事了。生理期的時候，他會替我泡一杯熱可可。晚上肚子餓的時候，我們會兩個人吃一盤海鮮炒麵。下雨的時候，他很不會撐傘，害我肩膀常常淋濕。

但是，這些就足夠了嗎？爲何我好像想著別的事情……

今天在辦公室BOSS有注意到我特地穿新的洋裝嗎？討論工作時，他口氣好像有責備的意思……我和他有可能嗎？這樣是對的嗎？

＊ ＊ ＊ ＊ ＊ ＊ ＊ ＊ ＊ ＊ ＊ ＊ ＊ ＊

其實，有個感覺舒服的人一起度過一天中的某些時刻，是很棒的事情！

尤其當她有一付甜美的笑容，煩惱似乎可以暫時消失。

但是辦公室有好多眼睛在看，好多耳朵在聽，想跟她再近一點，但是又有太多顧慮。

現在這個時刻有更重要的事，爲了她，眞的值得嗎？抑或，她值得我這麼做……

＊ ＊ ＊ ＊ ＊ ＊ ＊ ＊ ＊ ＊ ＊ ＊ ＊ ＊

要進入社會了，什麼都摸不著頭緒，有點惶恐和緊張……

我還需要多點時間，相信一切都會更好！

她上班了以後，不像從前有那麼多時間相處，聊的話題我也有點插不上話，

常聽她講工作怎樣怎樣的，很替她高興，

但她會不會走得太快了，她的發展會比我好嗎？

不會的！應該不會！一直以來都是我比較厲害……

她會被別人追走嗎？我們之間會有問題嗎？

應該不會！我們已經在一起很久了。

一切都不會有問題

就照我們熟悉的方式來罷！

吃完晚餐，才辦案

到目前爲止，數得出來，你已經吃過幾次晚餐嗎？有哪一次，讓你印象深刻？它背負著的是謊言與不安，抉擇與傷害，還是，興奮與惶恐……

Peter在講故事之前，一定偷偷對客戶施了咒語，讓她們隨著故事的話語落下，思緒回到了當初那個二十出頭甜美又徬徨的自己，以至於聽完故事後，仍久久無法言語。這一個動人的故事是，建構在Yahoo!奇摩搜尋的品牌「The Best Everyday Search Engine」之

下，發展出來的提案。知世的夥伴們運用一個有張力的故事，多重的人物，交雜的慾望，產生的內在及外在需求，反映在使用搜尋引擎要找的關鍵字上。如果你長期觀察一個人搜尋的關鍵字串，難道還會說不出他的嗜好興趣，喜歡的品牌，抽不抽菸，想去哪裡玩，有沒有買股票，甚至他最近在煩惱什麼……等等嗎？

所以，從《三個人的晚餐》這個故事切入，知世企圖用「搜尋」這個行爲，描繪這三個人在各自生命中的喜怒哀樂，存在的處境。她搜尋主題聊天室，發表文章，窺看別人的故事，因爲唯有在那裡她可以安全的喘一口氣，暫時忘記批判自己……

他搜尋最佳約會聖地，惡補一下遊樂景點，因爲與社會脫節的軍中生活，可能會讓女朋友覺得自己很無趣……

他搜尋可愛表情符號，有機會的話，可以用即時通訊和她聊聊天，因爲這樣似乎是一個萬無一失的做法……

這些不就是生活嗎？！「搜尋」就在我們的生活裡。Peter眞是一個法力深厚的老巫師！然而，回歸到這次活動目的，若是想要刺激網友立即體驗，那天在Yahoo!聽了匚合的提案之後，知世也同意匚合的版本「誰搞大了名模小伶的肚子」更具話題性，可以強烈引發網友好奇心，和刺激網友使用搜尋引擎的即時力道！三方都同意匚合故事的架構之後，接下來，知世網絡接手，投入如何將TVC的劇情延伸到網路上並發展成爲一個活動，如此大規模活動如何設計，它的合理性，黏著性，順暢性，豐富性與趣味性，全部都是眞正的考驗：

1. 要怎麼做，網友才不會嫌故事長，人物多，懶得理你。
2. 要怎麼做，網友才覺得介面好用，容易懂。
3. 要怎麼做，網友才會掉進圈套——要他使用Yahoo!奇摩搜尋引擎，並且心甘情願。

歸根究底，要怎麼做，網友才會喜歡，並像毒蟲一樣黏在上面。可見，這個誘餌要夠鮮豔，捕網要夠堅韌，獵人要死夠多腦細胞。

〈案件一〉密室·集體·謀殺

這不是一樁簡單的謀殺。

這是密室謀殺。

這是集體謀殺。

鏡頭拉回第一謀殺現場，八坪大小的長方形會議室，所有的東西都是黑色的。一只木製貼黑皮的長型會議桌，接近20把黑色旋轉椅，一排靠右窗戶外頭的天色也是黑沉沉的。

密室裡約有11個人，一動也不動，倏地開門你會以爲自己看到11具屍體，以爲直衝腦門的是屍體還沒腐爛，新死的味道。但奇怪的是，再用力嗅一嗅，沒有死亡的味道，卻有一股火藥味兒。

這時動動手指，數一數屍體：創意部5個人有Peter、Miya、Beeper、Rainy和小法，業務部1個人艾爾文，媒體企劃部1個人尤金，IT部門3個人有Jacky、阿志和小霖，還有知世網絡的知識長Alex。11個人雖然鼻息尚存，也已接近半死狀態，卻不見兇手！因爲他們是互相開火的，顯然這整屋子的人剛剛經歷了一番苦鬥，火藥味兒就是這麼來的。

將時間推回到5個半小時前。艾爾文吆喝著把大家趕進會議室，這次要討論的主題是遊戲怎麼玩，一開始的時候，大家都還神采奕奕，只見在喧鬧聲中Peter法師走向前，不發一語地在白板上畫了四個符咒，依稀記得它們是長成這個樣子：

【符咒一】直線式邏輯

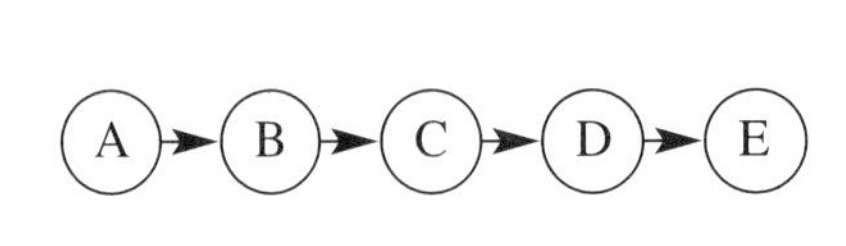

【符咒二】圓形邏輯

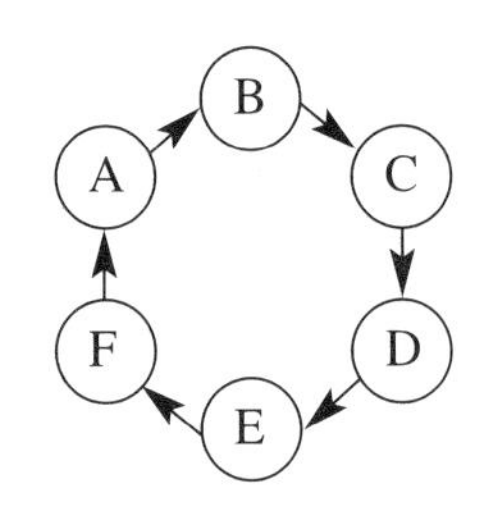

【符咒三】樹狀邏輯

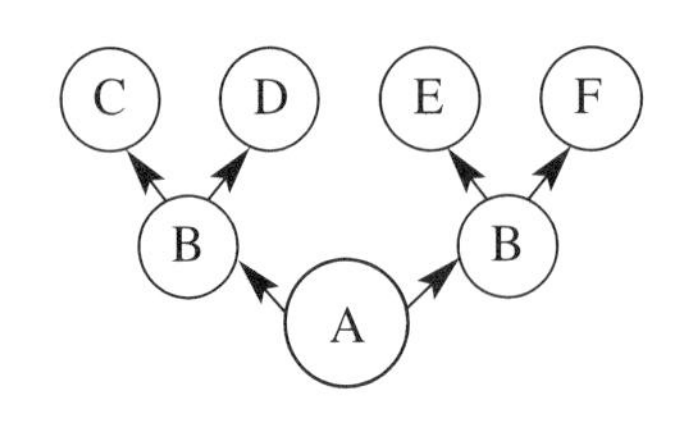

【符咒四】發散式邏輯

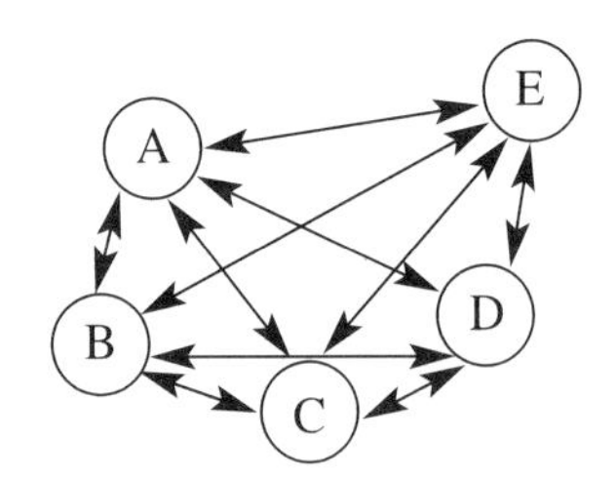

Peter：「世界上解釋事情的邏輯大概就這幾類了！」語畢，大家都開始議論紛紛起來…

尤金：「既然是要創造一個遊戲，我覺得可以學習線上遊戲一些成功的地方。比如說，線上遊戲它沒有時間限制，24小時都可以上來玩，所以它的黏著性才會那麼高，因爲很方便阿；再來，它不限制玩家路徑，這樣才像眞實世界，這才是網路虛擬眞實世界有趣的地方。

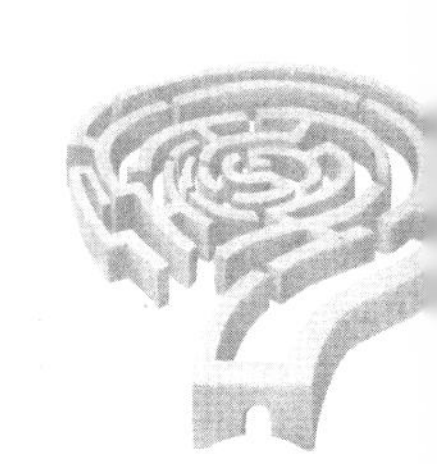

像前陣子，我在玩一個遊戲叫做『走不出的房間』，它要你在房間裡面找東西，一定要找到A物件，才會找到B、C……我玩了好幾天！」

Peter：「嗯……線上遊戲這種開放式的玩法，屬於發散式邏輯。但是『走不出的房間』，屬於直線式邏輯。」

艾爾文：「『走不出的房間』雖然好玩，可是找不到A就找不到B、C……這樣太難了啦！會被網友罵喔……」此時，創意部的Miya和我點頭如搗蒜。

Peter：「怎麼人胖就這麼沒種，遊戲當然要有挑戰性啊！」只見Rainy點頭表示贊同。

現在，不是部門的問題了，遊戲太難的話，就沒有人要玩囉！你來我往之間，已經聞到煙硝味了。

尤金：「我覺得可以一次開放所有的場景，讓玩家自由搜查線索，我們紀錄玩家進度。」

頗富玩家經驗的IT三人組說：「妳一次開放全部場景的話，不怕一下子就被玩家玩完了？」

艾爾文：「ㄟ……我在想，有沒有可能在線上遊戲的邏輯之外，我們可以開發新的玩法，不然都跟線上遊戲一樣，好像沒什麼原創性……」這時尤金額頭上好像出現了一個字——「怒」。

艾爾文繼續說：「我們這次活動的主軸是推理，要不要把推理小說的元素放進來討論呢？」

Peter：「嗯……胖歸胖，好歹終於講出一句人話。對！我們要有尊嚴！」創意部小法、Miya、Rainy、Beeper面面相覷，互相交換了眼神，夥伴們知道Peter要求完美，挑戰極限的強大意志又發作了……

Peter：「推理小說中說故事的時間軸是直線式邏輯，可是辦案的過程卻不是！偵探找證據和線索都是東找西找，沒有順序的！屬於發散式邏輯。」

「那這個遊戲要走幾週呢？」有人丟出了問題。

艾爾文說：「應該是6-8週吧！」此話一出，大夥兒一陣低吟……天啊！還眞久，愈來愈難了……

尤金說：「嗯！那如果說遊戲要走這麼久，我們可以每個禮拜都抽獎，增加網友的熱度。」Beeper馬上問：「那要抽什麼獎品啊？」「iPod啊！iPod現在這麼熱門！」有人回答，只見Beeper臉上馬上露出笑容。

Miya卻說：「ㄟ……可是我覺得最後抽一個大獎比較好，因爲可以鼓勵那些有恆心每週都玩的人。Beeper不要因爲自己想得到iPod就贊成這樣哦。」唉呀！人心險惡啊……

尤金：「我覺得要有一個線索盒，假設一共有100題，讓玩家把蒐集到的100個線索放進來，或是讓他們知道自己答對了幾題，有百分比的顯示。」

艾爾文說：「只是顯示百分比會不會太無聊了啊？」

Peter：「ㄟ還是我們要有一篇文章，講的是名模未婚懷孕的眞相始末，然後玩家答對一題，這個線索盒就出現文章的一小段，慢慢拼湊眞相。」

小法說：「就像哈利波特那本神秘的日記本，你問它，它還會回答你。那就叫偵探筆記本吧！反正偵探不都隨身帶著小本子，隨時紀錄找到的線索。」

Miya說：「那答錯怎麼辦？要空白還是怎樣？」

Peter：「答錯就給錯的文章啊！所以要寫一篇對的文章和錯的文章。」

Rainy冷笑道：「哈哈！這樣網友應該會幹到死……」語畢，撻伐聲四起。整屋子的人分裂成兩半，一半的人贊成，一半的人反對。

小法堅決反對的，以抗議的口吻說道：「這樣不行啦！你給錯誤的文章，讓網友在裡面打轉，繞不出去，一錯再錯，那他一輩子也找不到眞相。難道這是我們活動的目的嗎？把他們帶到錯誤的外太空去，簡直是惡意遺棄，太過分了！」終於，抗議起了作用。

「那題目要有幾題？要怎麼設計？」有人丟出手榴彈。

Rainy說：「就設計題目叫網友找關鍵字啊！」

艾爾文說：「好像沒這麼簡單吧……」

「對呀！到底答案是關鍵字，還是題目要有關鍵字？」有人附議。

這時，沉默已久的知識長Alex說話了：「依照使用者經驗出發，我們的活動目的是教育網友使用Yahoo!奇摩搜尋引擎，如果『關鍵字』放在題目裡，是我們幫網友設定好的，那他們真的有被教育到嗎？他們以後真的會自己下『關鍵字』使用搜尋引擎嗎？」此時彷彿聽到迫擊炮震耳欲聾的聲響……

這時Jacky喊話了：「這活動放我們家還是Yahoo!奇摩？」

艾爾文說：「我們家。已經先答應客戶了。討論區也放我們家。」

Jacky臉色爆紅地說：「討論區？還有討論區喔？天啊！先警告你們，這活動流量會很重很重很重很重哦！你幹麻不先問問我們再答應客戶啊……」

「那我們要收會員嗎？要跟Yahoo!奇摩會員整合，還是獨立出來？」………

這歷經5個半小時的會議室俯視圖變化如下：

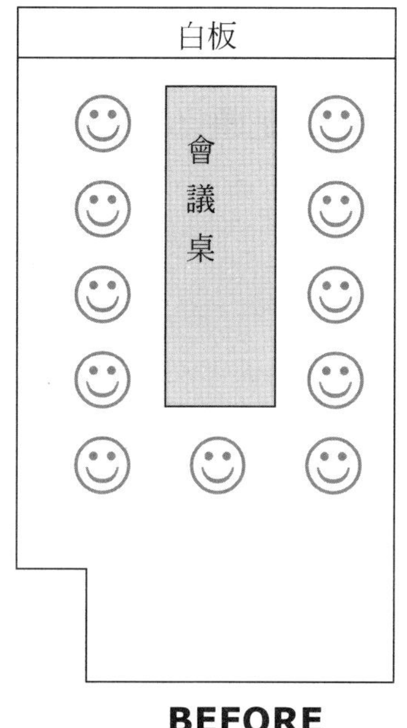

BEFORE

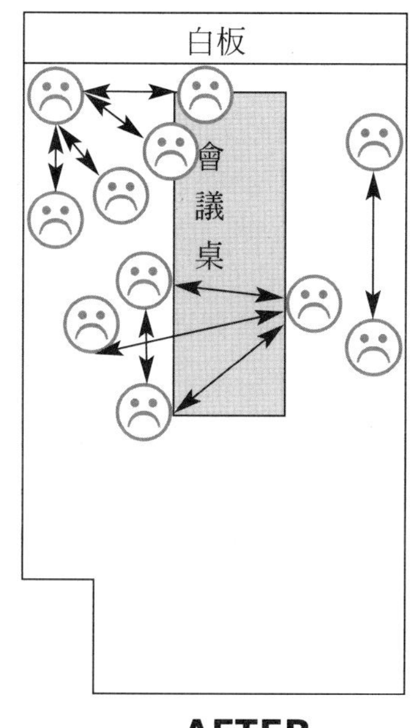

AFTER

11人本來很和諧的，一場會議，搞得肅殺凝重，漫天炮火。不過，這向來就是知世網絡的開放態度，每位專案的參與者，不論部門區別或輩分大小，每一個人都有發表意見的機會和權利，專案的過程是大家共同研究討論出來的。沒有人是獨裁者，也沒有人的話不會被聽見，團隊合作是做好的做事方式！不得承認，把一個偵探故事落實到網路上玩的遊戲，還眞不是一件有人做過的事。遊戲的方法有很多種，到底怎麼玩最適合這個案子？最後這屋子的人同意祭出兩種不同的遊戲模式，提供給客戶。

尤金版——
按照青少年熟悉的遊戲方式來玩

這個世代的小孩是玩遊戲長大的。而這些受歡迎的線上遊戲和PS遊戲，都擁有類似的結構方法，流程畫出來，會像這個樣子：

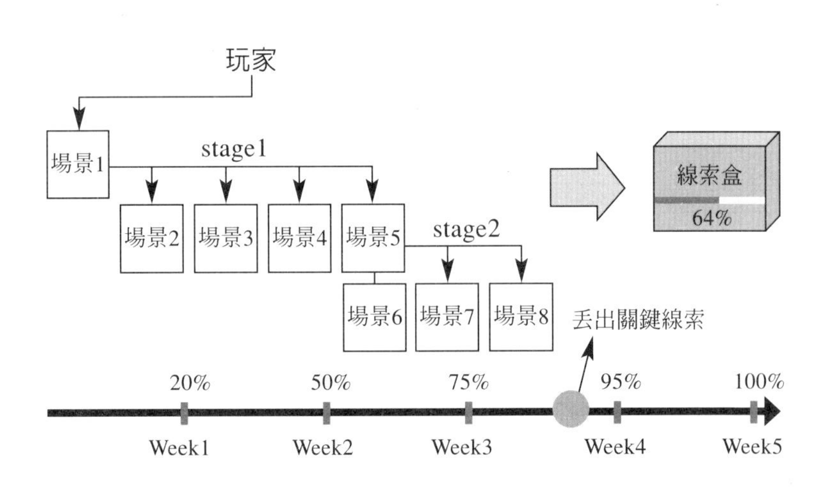

玩法：

・每一波段同時開放所有房間（stage1：5間／stage2：3間）
・共有50個線索，不平均隱藏在各房間內，每蒐集到一

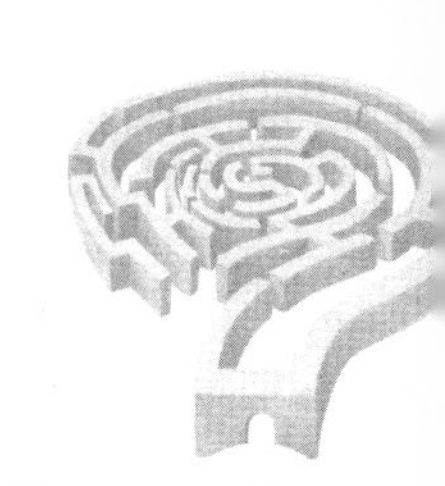

個正確線索就得2個百分點，並納入線索盒中作爲推理時參考之依據。

- 階段性任務有其固定百分點，達成即可獲得該階段的抽獎；若是沒達成仍可繼續參與遊戲進入每個房間內。
- 每個房間需要有特定的密碼或物件才能進入，增加其關聯度（發票號碼、電話號碼、鑰匙、某物件……）。
- 共計有50個線索，其分配可以爲：（可依照故事情節來進行分配）30題與推理相關必要之問題，20題爲模糊焦點問題。
- 爲確保活動期間的延長性與網友先行公佈密笈；可以把其中一個關鍵線索留到固定的時間點再丟出。

艾爾文版——以時間建構的推理小說

把推理小說的閱讀經驗帶入遊戲裡面。推理小說通常是這麼講故事的：命案發生，偵探在酒吧跟委託人見面，然後就挨家挨戶敲門問問題，包括死者的鄰居，親密的地下情人，到警局探探口風，重回謀殺現場感受那裡的一景一物，揣摩兇手的意圖，這邊一點那邊一點，線索1、線索2、線索3、線索4一個一個累積起來，然後有個東西在你心底慢慢成形，砰！你知道答案了。流程畫出來，會像這個樣子：

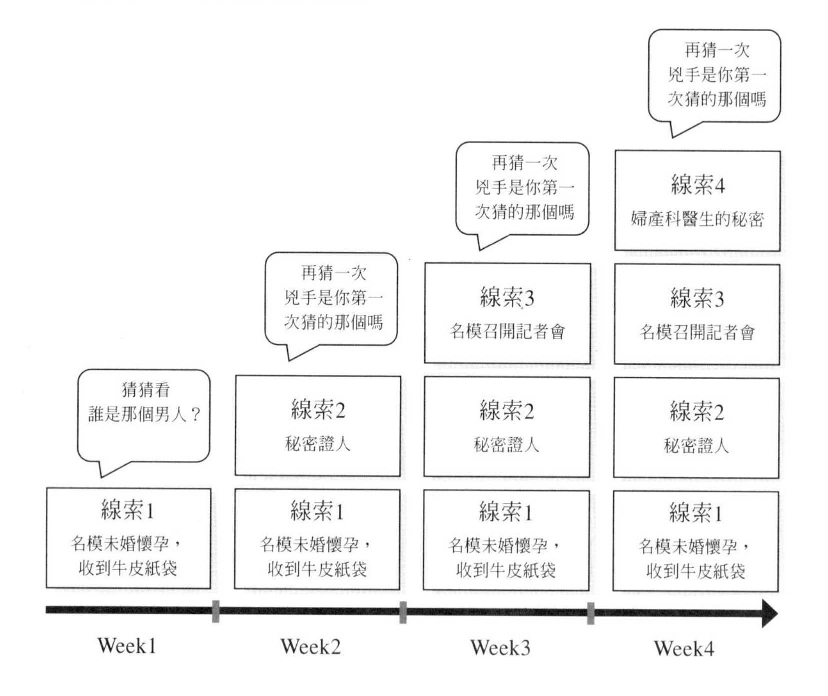

玩法：

- 日期分爲4階段，建議走4週。
- 每個階段都有新的事件發生，並揭露新的線索。
- 網友每個階段都要用search來判斷線索的正確性。
- 每個階段的事件之後都要猜一次兇手（讓名模未婚懷孕的男人）是誰。
- 贈獎方式：以猜對的次數決定你可以參加抽獎的獎

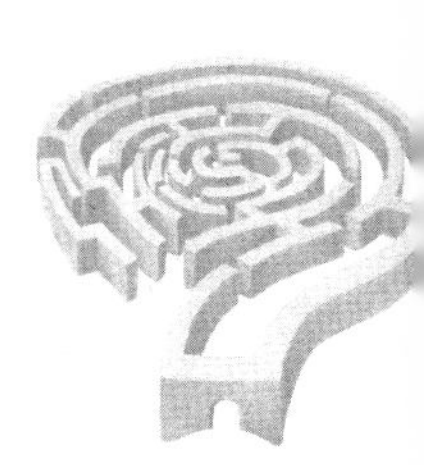

項，猜對3次以上的網友可以抽汽車，猜對1-2次的網友可以抽參加獎。

・要閱讀完所有的過程並回答問題，才能取得猜測兇手的資格。

偵探在找四根骨頭

一個會破案的偵探，有什麼特質？

他每找到一條線索，就像狗咬到骨頭一樣，死命咬著不放。上帝沿路丟骨頭，偵探嗅嗅扒扒把它找出來。

提出以上兩種可能性的架構給Yahoo!奇摩客戶之後，根據客戶的回覆，以及內部小組的再度集思廣益，這個時候知世夥伴們發現，其實這兩種架構都各有可以保留的地方：以「空間+時間」建構遊戲，可以和「推理小說的?事」做完美的結合。我們保留了艾爾文版的一週丟一個線索，意即一週開放一個場景；同時也保留尤金版的線索盒（偵探筆記本）的設計；抽獎方式折衷兩個版本，每週有抽獎維持玩家熱度，也有最終大獎，遊戲架構於焉完整，漸露曙光……

知世把遊戲走期設定爲四個禮拜，每一週丟出新線索；同時介面上，開放一個新場景，讓玩家去探索。場景裡面埋藏25個物件，也就有25個謎題，需要身爲偵探的玩家利用Yahoo!奇摩搜尋找出解答。找出那25題的解答有什麼好處？當然有！按照推理小說傳統，給每一個玩家一本「偵探筆記本」，專門用來記下辦案的靈光乍現，和可疑的線索。不過，玩家不必親自動筆，只要你答對一題，每一道解答，都是案情的「關鍵字」，它會連同一小段案情敘述，出現偵探筆記本裡。

如果四個禮拜，100 個謎題你都解開了，你的筆記本裡就會出現完完整整的，『誰讓名模安妮未婚懷孕』故事文字，此時，你只消當一個推理小說讀者，運用你的智力，從白紙黑字中找出兇手來，就有機會把拉風的Peugeot 307敞篷車開回家。

流程畫出來，會像這個樣子：

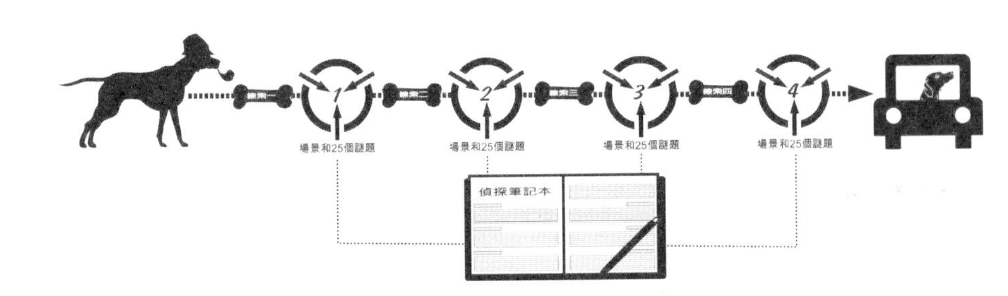

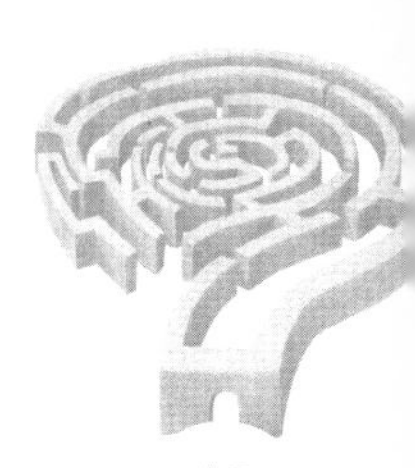

線索1　牛皮紙袋

一開始，進入一個黑暗的房間。靠著窗外微光，隱約可以分辨前方有張書桌，桌上有一盞檯燈。「啪嗒」燈亮了：

你，就是福爾摩斯！

名模秘密懷孕事件

由你來找出眞相

一捆牛皮紙袋擲在桌上，「砰」一疊密件滑出封口，攤在桌面上。分別是與名模過從甚密的四個男人的近照，和調查報告……就從這裡著手進行吧……

第一週遊戲開場畫面，線索1　牛皮紙袋

線索2　匿名信

一週後，早上的辦公室門鈴大響，一封信從門縫底下被塞了近來，管理員的腳步聲遠去……

這是瘋狂死忠影迷寄來的匿名信，該影迷堅稱與媒體報導不符的某事件才是眞相。另外，還透露了一個小線索名模本人因為體質關係，幾乎是不吃某類食品看來……

第二週遊戲開場畫面，線索2　匿名信

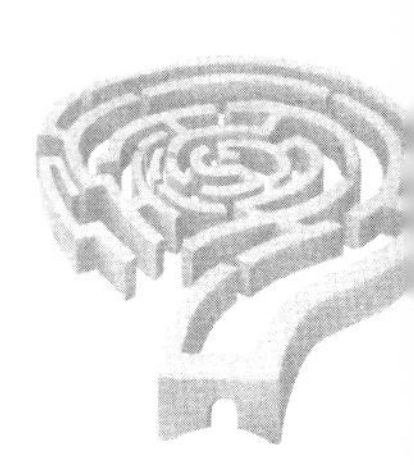

線索3　記者會錄影帶

多時的謠言沸揚，名模再也忍受不了了！終於召開記者會。記者朋友快遞了一份記者會實況影帶。影帶中，名模依舊亮麗動人，穿了法國名牌最新的秋冬款式，

卻眼神憔悴，一度用手掩口。不知是懷孕不適還是過度操勞導致……

第三週遊戲開場畫面，線索3　記者會錄影帶

線索4　便利貼

混亂的桌面上多了一張黃色的便利貼，上面有一組手機電話。

馬上拿起電話撥給這位秘密證人，她是婦產科診所護士，名模三番兩次的看診正好都是她值班。與她通完電話，一定能找出這件事情的眞相……

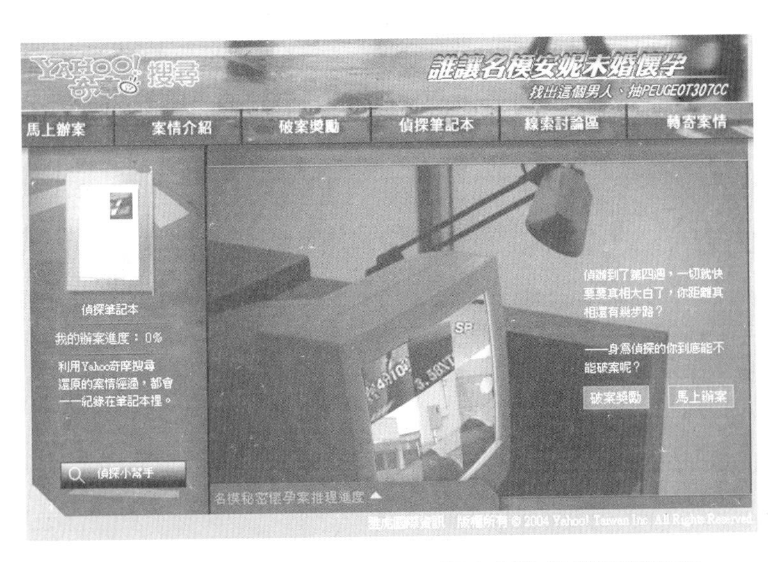

第四週遊戲開場畫面，線索4　婦產科監視錄影機畫面

這樣的設計，提案時受到Yahoo！奇摩的青睞，它兼顧了這個活動必要的多個目的！它刺激玩家投入案情，它合理的延長遊戲走期，建立玩家黏著度；讓他們每一週都上來玩。不會覺得故事長，人物多。畢竟，上帝一個禮拜丟一根骨頭，你很難不跟著骨頭走，因爲人人都想當偵探。

而且，知世這個部分，有四週時間和網友溝通產品利益，最好的狀況是，每一位有始有終的偵探，都實際體驗了Yahoo!奇摩搜尋100次。至於如何確保玩家們在遊戲過程中，確實使用Yahoo!奇摩搜尋。

在大膽說服Yahoo！奇摩接受長達四週的遊戲結構之後，知世網路又開了一次會議三方會議，主要與匚合溝通我們在網路上的做法。在一番唇槍舌戰之後，終於達成共識，接著是故事的撰寫。知世推薦一位台灣的專業推理小說作家來做這件事，可惜在期待了一陣子之後，小說家因諸多原因無法繼續協助此案。因此後來由匚合的Tommy接手，延續知世提出四週丟出新線索，作爲故事的基本架構。

雖然這位小說家才剛剛加入讓安妮懷孕的團隊，就提前退出，不過他倒是提出一個大家都滿意的想法，幫整個團隊在故事邁向眞相之路的盡頭，投了一顆耀眼的鑽石。

違反推理大憲章，你有權保持沉默……

即使是耀眼的鑽石，在這個世界上，還是有人不愛。

要如何安排故事的眞相，到底是誰讓名模安妮未婚懷孕？原本找來的推理小說作家提出：爲何不讓兇手——讓安妮懷孕的那個男人，就是偵探本身？！

美國推理之父S.S.范達因若地下有知，一定會氣得坐起來大罵不對，指責工作團隊汙辱了讀者的智慧！推理小說作爲一個淵源悠久，廣受歡迎的類型小說，一多百年來，不少人提出規則和辦法來定義「該如何正確書寫推理小說」這件事。其中的佼佼者，就是范達因先生。

就像德國哲學家康德，不斷地企圖探求人類理性的極致界線而書寫了《純粹理性批判》一樣；對范達因而言，推理小說也是一個純粹理性的世界。他認爲推理小說必須光明磊落的公開所有線索，沒有藏匿在灰暗不明的額外因素。是作者和讀者雙方的一場絕對公平的鬥智，端看讀者能不能在書中偵探公佈眞相之前，先一步

猜到答案。他功不可沒的寫下二十條紀律，被稱之爲書寫推理小說的「大憲章」。

那二十條紀律，簡單摘要前十條如下：

1.解謎之際，所有的線索得記述清楚。讀者務必擁有與偵探平等的機會。

2.除了兇手對偵探必然玩弄的犯罪技巧之外，作者不得刻意以欺騙或詭計去愚弄讀者。

3.故事情節當中不宜添加戀愛性的趣味，以免不合理的情緒擾亂純屬知性的實驗。

4.不宜把偵探本身，乃至搜查當局的一員變成兇手。

5.務必以邏輯化的推理決定兇手誰屬，不能假借偶然、巧合、乃至無動機的自白來決定。

6.推理小說必然出現偵探。其任務是蒐集一切線索，末了追查出兇手。

7.推理小說絕對需要屍體。缺乏兇殺的小惡小罪是單薄不充分的，爲一樁兇殺之外的犯罪佔去三百頁太過誇張。你必須回饋讀者鎖耗費的時間精力。

8.破案務必採嚴密又合邏輯的方式。讀心術、降頭術、水晶球之類屬乎禁忌。

9.偵探——亦即推理的主角只能有一個。

10.兇手應在整個故事裡，扮演讀者所熟悉、所關心的人物才行。若於最後一章歸罪於無足輕重的小角色，這種作者等於自曝了缺乏與讀者作智能競賽的能力。

然而，打破大憲章第四條「兇手就是偵探」概念，還是被整個知世團隊所採用。解釋是，這次不是一樁命案，是一樁未婚懷孕案。你不太可能把人給斃了，卻不知道自己殺了人；但你有可能上了人家，卻不知道對方懷了你的種。尤其假設你哪天慈悲心起，捐贈了一些小蝌蚪給那些自己沒有小蝌蚪的人們，你又怎麼會知道誰是它的養父母？

「兇手就是偵探」這個想法跳脫了原本匚合提出的四嫌設定——富商、經紀人、日本男模，和婦產科醫生。讓玩家在這場推理饗宴上，除了烤乳豬、松露、懷石料理，和牙買加藍山之外，還有壓軸的神秘甜點可供選擇。知世，Yahoo!奇摩，和匚合三方都很欣賞這樣的安排，也相信現代的年輕玩家可以接受，所有的線索都藏在文字敘事脈絡之中，只要不遺漏任何一點，都能合理的推算出那個男人可能就是偵探！

眞相底定後，接下來要處理的是活動網站的視覺調

性，一開始知世所提的版本是走狗仔隊風的八卦周刊。但是，在Yahoo!奇摩對品牌形象的嚴謹把關之下，修正爲高質感的電影海報式：名模安妮傾國傾城的甜美臉龐，超大特寫在畫面上，旁邊一字排開四個男人的臉，各自帶著猜不透的表情。加上壓暗的背景色，籠罩著神秘詭譎的氣息，直勾勾抓住觀眾的好奇心，大家就這麼踏了進來……

「誰讓名模安妮未婚懷孕」活動首頁

神說不可懶惰

殷勤人的手必掌權，懶惰的人必服苦。

—箴言12：24

作爲一個偵探，是不能偷懶的。

同樣的，這也是所有人對玩家的期望。希望玩家在企圖解開每週25道謎題時，都殷勤地使用Yahoo!奇摩搜尋，去查詢答案。體驗Yahoo!奇摩搜尋的聰明好用！思考點就是，如何在網友看到題目之後，和勾選答案選項之前，把使用搜尋引擎這個動作加進去！

在那之前，還得解決一個問題，就是作答方式。到底答案要用選擇題，還是塡入式？最後，程式人員指出，塡入式作答的判定是極爲困難的，不僅比對資料庫十分龐大，更麻煩的是，如果有人寫錯字，用英文或注音，或用縮寫、簡稱，甚至是翻譯名稱的歧異……等等，都使答案無法被精準的判定，也極容易衍生出網友覺得不公平的負面意見。因此，包含客戶，以及詳細解釋給匚合聽之後，大家一致認同作答方式採用選擇題。

技術的事解決了，接著得處理人性的問題。懶惰，是最普遍的人性弱點之一。既然是選擇題，那還不容易！隨便猜一個答案，看看偵探筆記本上的答對百方比

有沒有增加，就知道了答對了沒，根本不用去辛苦搜尋。懶惰，是基督教中的七原罪之一，任何人犯了這些罪都要下地獄。網路創意公司不是上帝，不能要你下地獄，但是可以在偵查之路上製造麻煩，使你後悔早知道就不要偷懶，就如聖經所說的——懶惰人的道，像荊棘的籬笆；正直人的路，是平坦的大道。（箴言15：19）。

知世運用的做法是，題目出現後，必須將題目中提示的關鍵字，輸入搜尋框，這時Yahoo!奇摩搜尋結果頁面以彈跳視窗的方式出現，網友可以開始就搜尋結果一一找答案；這時，原本題目下方才出現四個答案選項，讓網友做選擇。若網友亂猜，只有四分之一的機會答對，四分之三更大的機會答錯，答錯了，答題流程就得重頭再來一遍，相當煩人，所以既然搜尋結果頁就已經在網友電腦螢幕上了，那還不如仔細查一下，一次就答對，省得麻煩。

遊戲場景設定：偵探事務所的辦公書桌，桌上散亂各個物件

玩家點選桌上任一物件，物件放大，並帶出題目。玩家須把題目上提示的關鍵字輸入搜尋框，進行搜尋

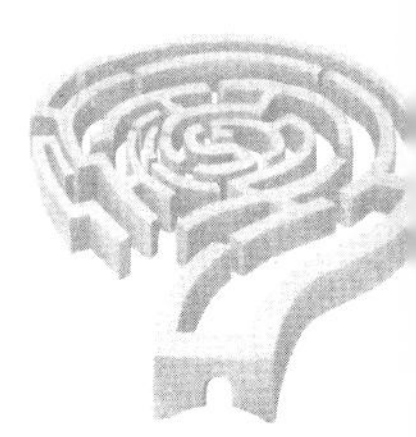

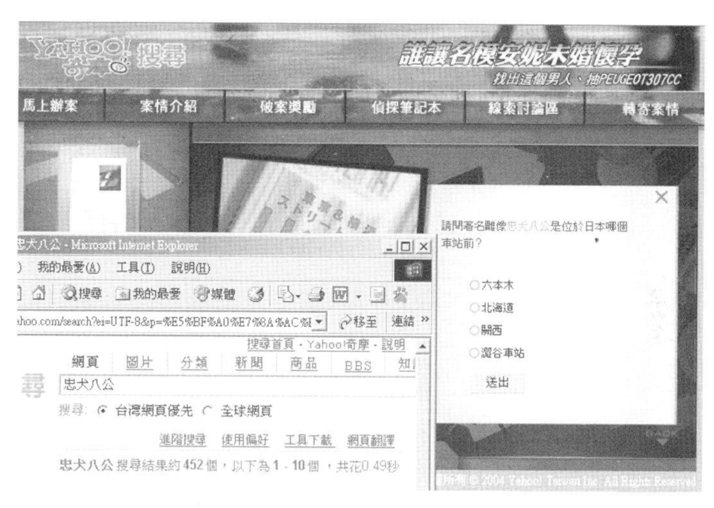

搜尋結果頁以彈跳視窗出現之後，題目下方出現答案選項

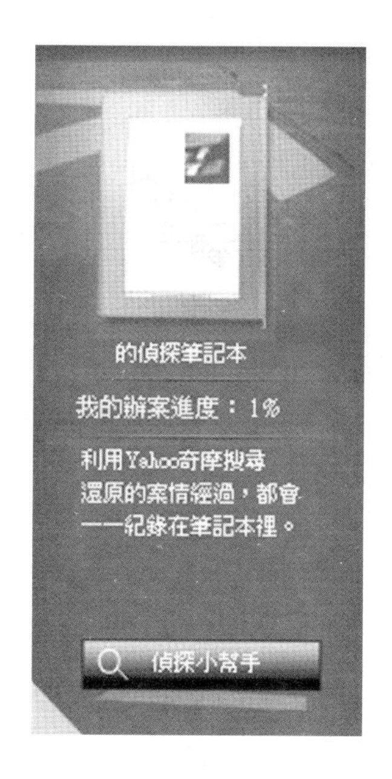

玩家答對後，偵探筆記本的辦案進度，即會增加1%百分比。若四週題目都答完並答對，就是100%

玩家每答對一題，偵探筆記本的內頁，就會出現一小段文章

〈案件二〉媽呀！她至少捱了一百刀

她躺在血泊當中，瞳孔放大，呼吸微弱，脈搏跳動一點一點地流逝……

兇手是誰？趕緊把耳朵湊近她的嘴唇，她緩緩說出「關——鍵——字」……

小野塚秋良．新宿．高島屋河豚老舖．Roppongi hills．東京迪士尼．村上隆．澀谷八公狗．山手線．箱根小涌溫泉渡假村．石鹽泉．歌德．憂鬱症．螢火蟲．內灣民宿．光點台北．微風廣場．LUXY．貓劇．奧洛

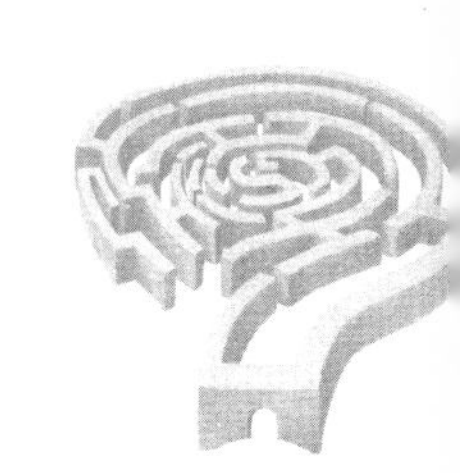

夫鑽石·永慶房屋·子宮抹片檢查·三好氏肌肉萎縮症·史記 周本紀·箱根·電話·2046·深水炸彈·領隊·紫藤蘆茶藝館·雅虎即時通·第六原罪·天母·士林捷運站·密碼·RH陰性·絨毛模檢測·遠企香宮餐廳·M3相機·墨鏡·路加福音·罕見疾病基金會·隨身碟·精蟲稀少症·鋅·報紙·MOS·the wall·PLUSH·測速照相·重慶北路·世貿展覽館·法定繼承人·自強號火車·錄影帶·廣濟宮·885·交通條例53條·不在場證明·超音波·時差·蒙馬特區·孩子的心跳·AID·求婚·五節芒·青花纏枝牡丹紋大碗·趙無極油畫·西面見主·habana雪茄·精子銀行·八心八箭·101大樓·松鶴西餐廳·uisge beatha·監視器·azoospermia·梅菲斯托菲勒·雪花·一百萬·沉默的羔羊……

沒想到，關鍵字也可以把人搞死。這捱了100刀的倒楣鬼，就是知世網路創意公司的文案氣質美女——小法。

「關鍵字」在安妮這個活動案中，真的很「關鍵」。

上一章提到，每週玩家要回答25個題目。題目的設計，引導玩家輸入「關鍵字」，使用Yahoo!奇摩搜尋引擎。然後，玩家從搜尋結果頁上找到的正確答案，又是另外一個「關鍵字」。它會出現在偵探筆記本上，並帶領一小段文章。答對25題，本週的文章就全部出現在偵探筆記本上。

問題來了！這兩個「關鍵字」必然不一樣，否則就不用搜尋了。

1.題目要怎麼設計？

2.要搜尋什麼樣的「關鍵字」，才找得到出現在筆記本上的「關鍵字」？

3.而且不只要找得到而已，基於體貼使用者經驗，還得讓正確答案「關鍵字」出現在第一頁？

4.還有，文章裡要抓哪個詞來當「關鍵字」？

5.這兩個「關鍵字」到底有什麼因果關係？

6.執行的時候，從誰先下手？

7.是雞生蛋，還是蛋生雞？

這就是令人頭大的地方，創意部小組思索了好久，才把邏輯釐清。採取反推的做法，先把文章裡的「關鍵字」抓出來，先稱之爲「關鍵字A」，利用Yahoo!奇摩搜尋引擎來查詢它，每個結果都要看，看看在談論這個「關鍵字A」的時候，都會用到什麼相關的字眼，那常常出現的詞兒，就有機會成爲設計題目的「關鍵字B」。但是還沒完！這「關鍵字B」需要經過檢查，檢驗的方式是在把「關鍵字B」再一次輸入Yahoo!奇摩搜尋，查詢

結果是不是都會有「關鍵字A」的出現。並且，還要確保「關鍵字A」是在搜尋結果的第一頁。

一週25題，四周100題；每一題都有「關鍵字A」和「關鍵字B」兩組關鍵字的相互映證，有的時候往往需要試上好幾遍，才能找到完美的「關鍵字配對」，這樣下來絕對超過好幾百個「關鍵字」！真是讓人增長見識不少，搜尋功力增進一甲子，獲益良多。過程中，小法也創造了一些有趣的題目，或是被禁的題目，特別請小法與大家分享一下。

【恥毛題】——嚴重違背品牌形象，下達禁止令

題目：曾被謠傳做出女陰海報，恥毛上顯示"Welcome to Taiwan"的台北知名夜店是？

答案：Carnegie's

Second

Juliana

Kiss

文章關鍵字：Carnegie's

搜尋關鍵字：恥毛上顯示"Welcome to Taiwan"

【鑽石題】——耳熟能詳的名詞，原來如此

題目：鑽石切割專家運用最新的精密技術，以愛神的箭與心爲靈感，將鑽石重新琢磨，成爲著名的什麼鑽石？

答案：八心八箭
四心四箭
六心六箭
十心十箭

文章關鍵字：八心八箭

搜尋關鍵字：鑽石、心、箭

【精子題】——獲益良多，增進精子的相關知識

題目：法人Rostrant在一九四六年首度報告甘油可以保護青蛙精子免於受到冷凍傷害，這是哪項技術的先驅？

答案：精子銀行
精子分離術
精子清洗術
精液解凍

文章關鍵字：精子銀行

搜尋關鍵字：甘油　青蛙精子

【密碼題】——我只想當一個好人，讓大家解題很容易

題目：安妮（ANNIE）的國際摩斯密碼為？

答案：• – – • – • • • •

– • • • • – – – • – –

– – • – • – • – • – –

• • – • • – • • – – •

文章關鍵字：密碼

搜尋關鍵字：國際摩斯密碼

摩斯密碼，是附有長音以及短音的組合而成的「雙音信號」。就算是沒有通訊器材，只要有兩個或以上的人會摩斯密碼就可以通訊了！例如用鏡子反射，或煙火就可以傳達信號。附上摩斯密碼表，你也來解碼試試看！

摩斯密碼表

1	•----	A	•-	N	-•
2	••---	B	-•••	O	---
3	•••--	C	---- •	P	•--•
4	••••-	D	-••	Q	-- •-
5	•••••	E	•	R	•-•
6	-••••	F	••-•	S	•••
7	-- •••	G	-- •	T	-
8	--- ••	H	••••	U	••-
9	---- •	I	••	V	•••-
0	-----	J	•---	W	•--
		K	-•-	X	-•• -
		L	•-••	Y	-•--
		M	----	Z	-- ••

密碼題正解爲 •- -•-••••

不在場證明

「小法，是不是妳上去告的密？」

「啊，什麼？」

「安妮那個討論區啊！」

「啊！怎樣？」

「有一個人一直在上面講答案，把25題答案通通講出來。」

「不是我啦！我哪有那麼閒？」

「啊！可是那個ID明明寫妳的名字！」

「什麼ID？」

「偵・小法」

「⋯⋯⋯⋯⋯⋯⋯」

「擺明就是偵探・小法啊」

「⋯⋯⋯⋯⋯⋯⋯」

「而且，妳是全公司，嗯⋯⋯應該是全台灣，唯一知道所有答案的人，因爲那些題目都是妳寫的啊！」

「⋯⋯⋯⋯⋯⋯⋯」

安妮這個活動一個特別的地方在於，它是一個爲期四個禮拜的遊戲，要維持網友這麼長的注意力，其實並不是一件容易的事！爲了解決這個困境，和把活動氣氛炒熱，我們一開始就設定了應對的策略——設置討論區；也就是社群的經營。

安妮的討論區並沒有版主，是一個完全讓玩家自由發言，交換意見的開放平台。就像偵探在黑暗的世界，憑自己的力量到處打探消息一樣，玩家可以在這裡問問題，討論線索，尋求協助，爭辯自己心中的兇手是誰，或發表感想……等等。玩家反映非常熱烈，他們討論的內容包羅萬象，每週一有新線索，就有人開始討論。例如有人找不到隱藏關卡、菜鳥玩家不清楚遊戲規則的，就有老鳥偵探自動幫忙解釋。有人想要當領袖一直公佈答案，就有人對他的答案持反對意見。有人是偏激份子，爭辯說『誰讓名模安妮未婚懷孕』是在玩文字遊戲，他主張既然安妮是人工受孕，那一定就是「醫生」讓安妮懷孕。還有人是反動份子，拚命叫大家不要玩這個遊戲，說車子只有一輛，大家幹麻找答案找得這麼辛苦！想不到有人回他說，玩到現在，已經不是為了車子了。一個網路活動做到這樣，夫復何求！難道不是因為遊戲本身的吸引力，介面的友善，視覺的美好，讓玩家覺得他投入的時間精神，有得到同等的樂趣回饋嗎？簡單說，因為她（安妮）值得。

基本上，有人問問題，就會有人回應。這討論區活像一個自己自足的生態圈，它不僅使活動氣氛活絡起來，讓活動製作者零距離的了解使用者心聲，同時也具有鼓勵作用，吸引其他還沒體驗過的使用者產生興趣，把那些還在外圍觀望的潛在偵探，拉進來開始辦案。甚至到了最後，還有人把這兒當成交友網站，交起朋友來了！唉……這也難免，偵探的桃花運好像都很旺，故事

裡面的偵探總是很順便地，就與女證人纏綿起來。可見這些玩家都很入戲，把自己當作大偵探了……

至於那個ID「偵．小法」到底是何方神聖？具有偵探精神的知世同仁Rainy爲了求證到底是不是小法，他開始在討論區與「偵．小法」聊天，一聊之下還蠻投緣的，還加入了即時通帳號，沒想到在卡哇伊的表情符號，可愛的網路語言背後，「偵．小法」是一個六年級男性上班族，醬還是可以當當朋友啊！只是……在Rainy身分表態「ㄟ！我就是做這個遊戲的人哦。」之後，「偵．小法」那邊的即時通就再也沒打出一句話了……沉默中，結束了一段露水情緣。所以說，不是小法告的密啦！大家都可以做證，小法有不在場證明！

2004年12月3日零時，『誰讓名模安妮懷孕』活動正式結束。四天後，2004年12月7日，所有的偵探都收到一封揭曉謎底的信。如果你的答案是經紀人，日本男模，富商，或婦產科醫生四個男人其中的一個，那麼你選的人，會寄信說抱歉，你答錯了。如果你回答讓安妮懷孕的男人是偵探，那你將會收到安妮寄的信，她維持一貫的甜美有禮，謝謝你的幫忙，並且告知你可以參加Peugeot307敞篷車的抽獎，祝你幸運中獎。就讓我們也祝福懷了上天孩子的安妮，從此幸福快樂。

虛擬搜尋與真實搜尋

再把內容拉回「創意」這個部分，Peter很讚賞匸合公司對於腳本的鋪排，雖然很狗仔但是卻很有力道！Peter希望能將匸合的故事發揮出更強的力道，而且希望在「回應」上琢磨更多，或許百萬名車是最好的誘因。但Peter更注意聊天室這塊區域，活動中聊天室的流量一直居高不下，100多萬人熱烈參與其中，網友們還互虧：「想得到Peugeot 307下輩子吧！車子是我的！」……等有趣的留言。

Peter認爲只要是成功的案例，都會發現社群的影響力是恐怖的。依Peter的見解而論，他覺得社群擁有強大的力量，且包括虛擬（非正式社群）與眞實（實體社群）的部分。虛擬的意思是，也許沒有正式的聊天場所，但大家都知道這件事是近期常被討論的，在網路上碰到會互相丟兩句話聊一下，例如電影片子「功夫」，只要大家在網路上碰到了，有看過或有興趣的都會問兩句或丟一些話上去。朋友見面時，拿斧頭幫那兩招拿出來秀一下，大家就知道你在幹嘛，這就是實體社群！他無形影響了許多人，也助長了片子大賣的部分原因（口碑）。

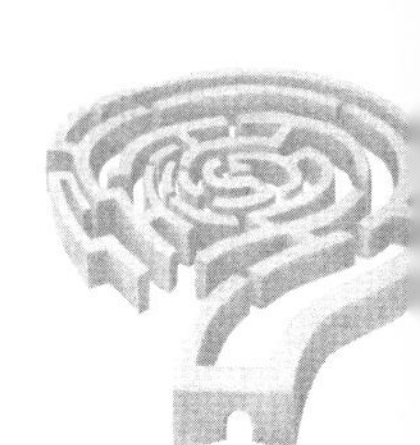

狗仔文化槓上人文主義！——使用者增加6%……

Yahoo!奇摩那裡的數字統計是，原來就有83%的人使用他們的搜尋引擎，這個活動把人數推到了89%，因此這百分之六的數字是可怕的數字，要注意到的是這百分之六使用者的心情，可能原來這些人是對這個搜尋引擎有反感的或成見的，但經由這個活動，使他們重新認識或認同了Yahoo!奇摩的搜尋引擎，相當不容易。

探討這6%的使用者很重要，因為如果對Yahoo!奇摩這個品牌沒有成見的話，從10%推到90%的人數一點都不困難，也不偉大，否則Yahoo!奇摩搜尋引擎擺在那裡那麼久?什麼他們都不用，反而現在才用，一定是對這個搜尋引擎不放心，所以改變溝通方式，從別人的角度立場去思考是一件很重要的事，所以Peter認為是這次成功案例最猛的一端。

知世和匚合在表現上的不同

Peter覺得透過這個案子，更證明了在網路上眞的什麼都能賣，販賣服務和品牌，看起來現在變得簡單多了。那兩端負責的創意上是否會有不同呢？如果匚合和知世都是扣在談懸疑的偵探小說，大家主題都一樣的話，表現著力的點就會形成差異。匚合他們丟的點是在於引發別人好奇，所以力道上面要很強，而知世則是承接在他們的力道之後，要轉得有道理。不管是看到電視訊息之後到網路上面來，或是本來就是網路上的使用者，不能讓他們看到相同沒有轉換的東西（要提供解答或導引，告訴使用者，再來我要怎麼辦，如果沒有解答與導引，使用者或觀看者會生氣，這對品牌會產生很大傷害。）。

我問了這樣的一個問題給Peter，也許是換個角度來站在一個編劇的立場來看這整件事情，因爲不是每一個人都有耐性來一一找尋線索，並達到最後過關的期望目的。（這裡指的過關，是通過以名模安妮網路上的遊戲設計，找到誰是孩子的父親，爲最後達成的目標。）依戲劇過程的觀看經驗，觀眾在面對這麼多台的選擇之下，他可以隨時拿著遙控器轉台，或趁廣告的時候轉了別台，這時的關鍵，會擔心觀眾是否會在轉回原來的戲

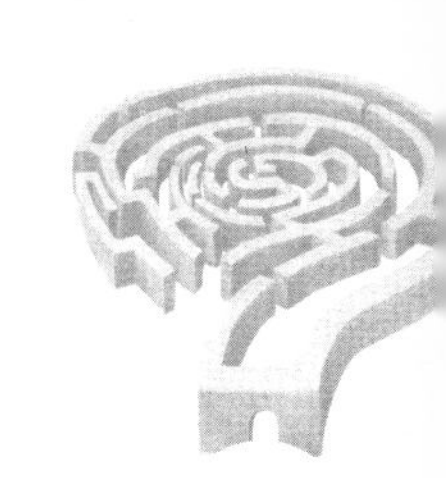

劇節目上？所以每一段的廣告破口，都很重要，要用什麼樣戲劇事件來吸引觀看者，達到他一定要看結果或找到原因的心理情緒，使他持續耐心的看完整集戲。

相對的，要怎麼樣使玩遊戲的人能夠耐心的等著四週的結果，每一次搜尋之後都還堅持要玩下去？如何導引成了相當重要的過程設計。

Peter舉了一個電影上的例子，「海底總動員」，他說這部影片還沒構想之前，製片和導演在公司聊天的時候，導演看著玻璃窗外的孩子們玩耍的樣子，有了很深的感觸，導演覺得當一個單親家庭的老爸眞是不容易，你離孩子太近，他會認爲你囉唆，不信任他，你離孩子太遠，又會擔心孩子會出問題，製片靈機一動，不如就來寫個這樣的故事，透過所有父母都會關心的問題來完成這部影片，這是一種人性連結，只是發生在海底世界呢！

所以安妮這個故事難度在於此，如果整個互動設計裡沒有人味和道理，就沒有辦法讓別人相信你就是一個偵探，並讓他們有尋找動機。當匚合將故事完整化後，接下來困難的是，「字句」搜尋關鍵字和故事相連接的情緒性，以及一定要使用搜尋引擎的必須性。如果是常識問題，大家用猜的就好了，何必去搜尋？而且常識問題，有可能你就知道，更本也用不著搜尋了。那到底要多難？怎麼問才合道理？例如LV的櫻花包，你要打進去搜尋什麼呢？還是你要問設計師是誰？或回推回來找出答案是櫻花包，那回推過程的問題又該怎麼問？設計師的作品有哪些？人在哪裡？哪一國人？如果大家都知道，這個問題就不用問了。

這一段所謂問題神秘性的設計，讓知世的同事們花了相當久的時間，Yahoo!奇摩那裡也給予了很多的協助，不能將問題一丟出來，你一猜就懂，根本就不用搜了！

現在的網路使用者越來越聰明，如果你在答案的選擇上，勾取了一，不對時，你一定會勾二，然後一個個試，總會讓你在四選一當中挑對答案吧！所以知世也要解決這個問題。所以他們想到了，如果答錯的話，這題就不能再直接做答，又要重新回到問題開始的地方，這會浪費很多時間，還不如去搜尋引擎找答案比較快，這也是大家的目的。

Peter認爲在台灣有許多網路公司，大部分都是強調技術性，這雖然重要，但卻不是唯一最重要的，因爲做事的態度會影響結果，而他和知世的同仁們一向以不同的方式來做網路，花很長的時間在思考人的東西，然後技術的東西才再加進來的。因爲技術層面的部分不該跑在創意發想的最前線，這樣的做事態度是他們一直堅

持的，所以他們的人力成本相對的也比較高。

大家共同的經驗中，有時聽到某些音樂而勾起某些回憶，但不是每首音樂都可以勾起一些回憶。大部分是因爲，歌詞裡面所談的事情你懂了，情緒就會帶領回憶涓涓而出。做行銷也一樣，也許有些觀眾因爲年齡的不同，現在看不懂你所要傳達的意思，可是當你的設計是有價值、有意義時，也許哪一天，他經過生活歷練與成長，再回過頭來想到文案裡的某一段話或廣告的某一個表現，他也許就懂了。

當你工作的時候，用很表象的東西來去詮釋客戶的產品，那也只會浪費資源而已，也相當對不起客戶。Peter堅信最讓人有感覺的還是來自於人類本體的感受，不管是音樂也好、電影也好，當一部很花心思、很用心去拍出來的影片，打動你的那個當下，讓你流淚讓你感動了，你就應該知道這部片子的價值在哪裡了！

丟出一個問題，用不同的方式去解答，產生的思考過程就是創意的空間，有時候沒有解答也許是最好的解答。當然，創意的「留白空間」，是丟給別人構成想像的部分，也是藝術執行創意變的有談論價值的必要元素，但是這部分要相當注意，並且要依狀況而定。例如，有時我們會看到很氣餒的電影，他並沒有給我們解答時，我們就會覺得生氣，不高興。（這與目標族群有關係）舉近期電影「靈異拼圖」，最後的表現張力會讓人覺得過於突兀，那是因爲它的表現方法，前後無法達到一致性的連貫。而同樣在講靈異的故事，「靈異第六感」的藝術表現上，就值得讚賞。所以創意的設計是要小心處理的。

對於不同的觀看者，每個人的解讀方式都有不同，心思細膩或較感性的，想像力對他們而言也許是很重要的，總是會再去探討創作品更深沉的部分，而較不理性的一群，也可能很簡單的只要一個明確的結果，所以，預設目標族群，再配合創意表現來達成最佳的結果是比較好的做法。

理想現實的掙扎＋理性感性的鬥爭＝創意

Peter在強調人味的時候，他也不避諱的承認人是一個複雜的集合體，面面俱到很難。談理想，總是要面對人性最柔軟的那一面，但如果講的太溫是沒有人要理你，但，講的辣到失去人味時，還是沒有人要理你，讓人在狗仔味與人味之間開始在掙扎最好。所以經過了分工，將匚合所呈現辛辣部分，由知世補強操作人味，看起來整個活動在過程中沒有人在抱怨，從創意的角度來看，這算是一個不錯的結果。

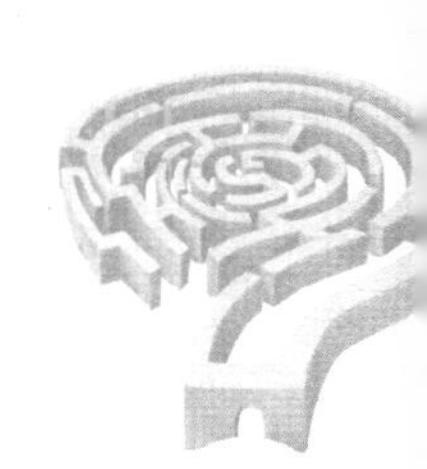

第二集的神秘物件在哪裡？沙發上有個洋娃娃，你過了答對20題的門檻，那個洋娃娃就會倒下去，物件就在藏在洋娃娃後面，大家都找了好久，那個禮拜大家都在問那個物件在哪裡？

雖然大家覺得這個洋娃娃設計的不錯，點子相當有創意。其實，Peter透露，當他們在拍照的時候，那個洋娃娃很難擺，一直倒來倒去，其中一位同事就說，那乾脆神秘物件就擺在那後面好了，反正很難擺。

所以在第三集、第四集的神秘物件就要比二集更難更有趣了，這是在工作當中的小插曲，創意就在不經意的情況下，突然出現在腦子裡。

許多人可能懷抱著許多夢想走進廣告創意這一行，但其實這是一個很科學的工作，所以你會掙扎，所以你必須花更多的時間在經營自己，無論你有沒有找到神秘物件，無論你是不是這次活動的贏家，如果你走過了這一趟廣告、網路界歷史性的旅程，你就有了自身體驗的經驗，在當中享受感覺，那才是設計此項遊戲的期望目的，不管結果如何你都贏了！

附錄 Yahoo!奇摩搜尋小撇步

搜尋結果中再次搜尋

Yahoo!奇摩搜尋引擎運用精準的搜尋技術，將符合「搜尋詞」的相關資料全部找出來，呈現在網友面前。有時搜尋資料筆數過多，若要一頁一頁瀏覽，會花費太多時間，因此如果可以善加利用搜尋結果再搜尋的功能，來縮小搜尋範圍，將可增加瀏覽搜尋結果的效率。

例如：此次活動中有問到「請問ZUCCA的日本設計師是誰？」

若您使用「ZUCCA」進行第一次搜尋，搜尋引擎會將所有關於「ZUCCA」的相關資訊都找出來，像是相關商品介紹、折扣資訊等等，共有110個結果，若您一頁一頁的瀏覽，將會花掉許多時間。此時建議您可以於搜尋結果的下方，在結果中包含的搜尋框中輸入「設計師」，再點選找網頁，搜尋引擎就會為您找出包含

網頁 圖片 分類 新聞 商品 BBS

您的搜尋：ZUCCA 結果中包含 設計師 找網頁

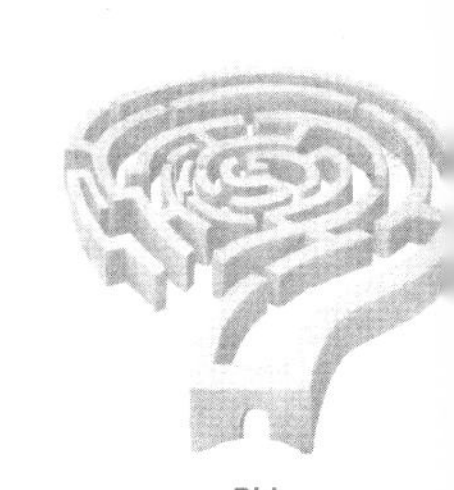

「ZUCCA」及「設計師」的搜尋結果。

請您再看一次結果，是不是第一筆搜尋結果就出現設計師的名字了。

過濾查詢範圍

縮小搜尋範圍的另一個方法就是使用排除搜尋字串符號，也就是說您希望搜尋結果中，是將某組搜尋字串排除，同樣可以增加瀏覽搜尋結果的效率。

例如：此次活動中有問到「請問112是障礙台，那104為？」

若您使用「104」進行搜尋，搜尋結果會出現許多關於人力銀行的結果，因此您可以於詢框中輸入「104-人力銀行」，您可以比較看看，兩種搜尋結果的差別。

是不是有使用排除搜尋字串符號的搜尋結果，筆數較少也較精準，如此尋找答案，相信一定更容易了。

精準搜尋

Yahoo!奇摩搜尋引擎會依據查詢字串做拆字處理，再依照字串做內文比對後進行搜尋，如此一來搜尋結果將更豐富更多元。所以當您希望搜尋引擎不要幫您做斷字或拆字處理，也就是希望進行精準的搜尋，您可以於「搜尋詞」的前後加上引號，搜尋引擎就會找出和您輸入的搜尋詞一模一樣的網頁資料。

例如：此次活動中有問到「這種複層膠合玻璃曾經使用在台北哪個建築物？」

若您輸入「複層膠合玻璃」搜尋時，搜尋引擎會自動將搜尋詞拆成「複層」、「膠合」、「玻璃」等字串進行搜尋，因此共找出了144個結果。您可以試試看於搜尋框中輸入「複層膠合玻璃」，搜尋引擎會尋找出與「複層膠合玻璃」一模一樣的字串，因此搜尋結果只變成3筆，這樣是不是一眼就發現答案了呢？

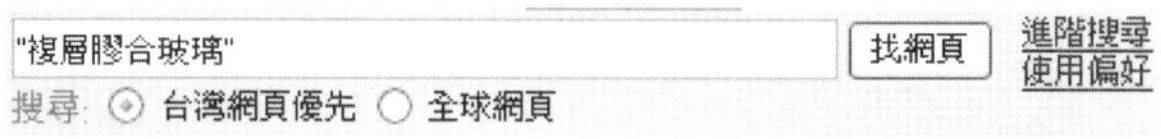

"複層膠合玻璃" 找網頁 進階搜尋 使用偏好
搜尋：台灣網頁優先 全球網頁

進階搜尋

想知道更多搜尋語法嗎？覺得搜尋語法太多很難記？試試Yahoo!奇摩搜尋的新功能「進階搜尋」，不需要記憶任何搜尋語法，只要在進階搜尋頁面填入關鍵字，您也可以成爲搜尋高手喔！

以上提到的搜尋語法，您都可以連結搜尋框旁的進階搜尋，在搜尋框中輸入搜尋詞後直接點選「Yahoo!奇摩搜尋」即可。請注意！您不需要將所有的搜尋框填滿，只需在您要的搜尋功能填入搜尋詞即可。除此之外，還可以從下拉選單中選擇是要搜尋網頁的所有資料、網頁的標題還是網頁的網址。

在進階搜尋的頁面上，還有其他搜尋功能，比如：限定搜尋某種檔案格式的資料或限定在某種網域下搜尋等等，利用專業的進階搜尋，在茫茫網海中尋找資料，將變得更快速簡單了。

利用不同服務搜尋

除了「網頁搜尋」外，Yahoo!奇摩搜尋還提供「圖片搜尋」、「分類搜尋」、「新聞搜尋」、「商品搜尋」及「BBS搜尋」，您可依據搜尋詞的性質來判斷要用哪一種搜尋方式。

例如：此次活動中有問到「請問KX-T1000是哪一種產品型號？」

若您輸入「KX-T1000」在網頁進行搜尋，共有917個結果，並包含所有有關「KX-T1000」的資訊，

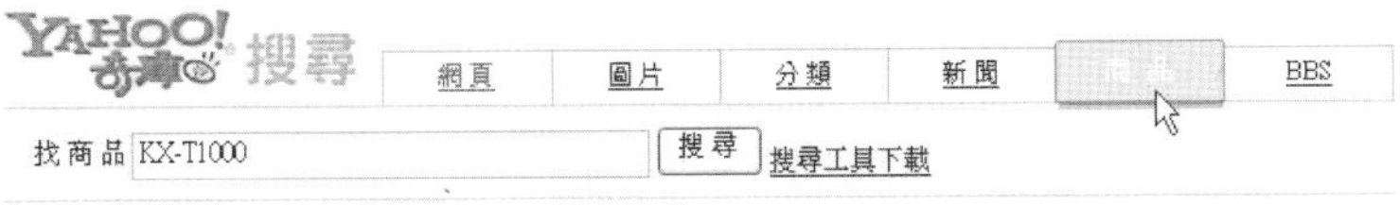

但您只要切到商品搜尋，就可立刻發現答案，甚至可以看到這項商品的圖片及價格。

分類瀏覽

Yahoo!奇摩搜尋除了提供關鍵字搜尋外，還有分類網站及目錄，這可是由專業人工進行編輯與分類的。因此當您遇到搜尋結果較廣泛且筆數過多時，不妨試試點選分類，看看相關類目或限定在此類目下再搜尋。

例如：此次活動中有問到「螢火蟲的別名又稱為？」

此題的「螢火蟲」是指昆蟲，並非其他戲劇名稱，因此當您輸入「螢火蟲」後，可點選搜尋結果上方的更多分類，再點選昆蟲類>螢火蟲，此類目下的網站是經過編輯整理歸類的，因此通常會有較豐富的資料。

網頁搜尋 約 109,000 個結果，共花0.02秒 相關詞： 螢火蟲之墓, 宮崎駿 螢火蟲之墓

昆蟲類>螢火蟲 連續劇>再見螢火蟲 日本>動漫畫作品>再見螢火蟲 更多分類...

相關詞查詢

在搜尋結果的上方及下方，Yahoo!奇摩搜尋會提示您其他網友常使用的相關搜尋詞，您也可以直接點選這些搜尋詞，幫助您更快獲得您所需的資訊。

例如：此次活動中有問到「華納威秀於1998年正式進駐台灣後，開設的第八家影城位於？」

當您輸入「華納威秀」後，搜尋結果的上方及下方會出現相關詞，您可以點選更多，將所有搜尋詞展開，看看有沒有您所期待的搜尋相關詞。

相關詞：天母華納威秀，高雄華納威秀，華納威秀電影時刻表，華納威秀電影城，台南華納威秀，老虎城華納威秀，台中華納威秀，大直華納威秀，華納威秀電影，台北華納威秀，大遠百華納威秀，台中老虎城華納威秀，高雄華納威秀電影城，新竹大遠百華納威秀，天母 華納威秀，華納威秀 天母，高雄 華納威秀，華納威秀電影時間表，tiger city華納威秀，大遠百 華納威秀，台南 華納威秀，華納威秀定票電話，美麗華華納威秀，中歷華納威秀，中壢華納威秀，高雄市華納威秀，華納威秀音樂城，華納威秀聯名卡

英文搜尋詞拼字校正

您是不是也有這樣的經驗？知道英文的唸法，但卻怎麼拼都拼不對！現在您不用擔心了，就算您拼錯單字，搜尋引擎也會自動提示正確英文關鍵字，您只需點選頁面上方系統提示的搜尋詞，即可搜尋到正確的結果。

例如：此次活動中有問到「whisky一字來自愛爾蘭方言中的 uisge beatha，其原始意義是？」

假設您不小心將「whisky」拼成「whiske」，搜尋結果的上方會出現。

您是不是要查 whiskey?

若是您要的單字，只需點選即可進行搜尋。

您喜歡在新的視窗打開您的搜尋結果？還是覺得開一大堆視窗反而會造成您使用上的不方便？
您覺得一頁的搜尋結果要顯示幾筆才好呢？
您希望搜尋結果會出現大量的外文資料嗎？
希不希望搜尋引擎可以過濾情色資訊？

每個人的需求不同，相信對搜尋引擎的要求也不一樣，現在Yahoo!奇摩搜尋通通滿足您！

您可以在使用偏好的設定頁面，進行您個人的搜尋偏好設定，例如：設定另開視窗、每頁10筆搜尋結果、只找繁體中文資訊等等。設定好後，選擇儲存在您個人電腦上或是您的Yahoo!奇摩帳號，若您選擇儲存在您的個人電腦上，每次使用這台電腦，Yahoo!奇摩搜尋都會記住您的偏好設定；若您選擇儲存在您的Yahoo!奇摩帳號，無論使用哪一台電腦，只要您登錄帳號後，都可以使用您個人的使用偏好設定來搜尋。

語言工具

搜尋是無國界的，可是卻被語言限制了瀏覽結果的樂趣。Yahoo!奇摩搜尋現在提供網頁即時翻譯功能，在英文搜尋結果的後方，會有一個翻譯本頁的連結，您只需點選連結，翻譯工具將自動爲您進行英翻中服務。

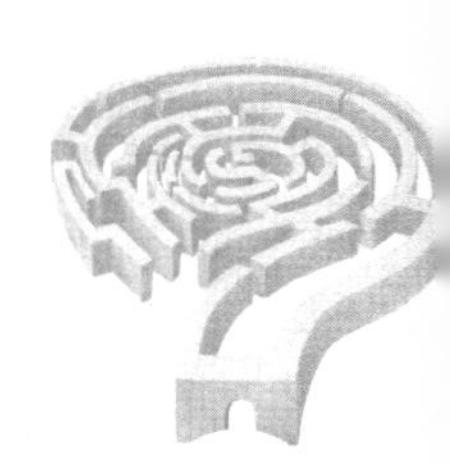

例如：此次活動中有問到「請問NARITA AIRPORT是哪一個機場？」

當您輸入「NARITA AIRPORT」時，在搜尋結果的第二筆後面有一個翻譯本頁的連結，您只需點選此連結，網頁將自動進行翻譯，翻譯結果的網頁將以另開視窗方式呈現，是不是馬上看懂了「成田機場」官方網站了？

根

以讀者爲其根本

莖

用生活來做支撐

葉

引發思考或功用

獲取效益或趣味